香江知味

香港百年飲食場所

—

鄭寶鴻 著

商務印書館

香江知味——香港百年飲食場所

作　　者：鄭寶鴻
責任編輯：張宇程
美術設計：趙穎珊　高　毅
出　　版：商務印書館（香港）有限公司
　　　　　香港筲箕灣耀興道 3 號東滙廣場 8 樓
　　　　　http://www.commercialpress.com.hk
發　　行：香港聯合書刊物流有限公司
　　　　　香港新界荃灣德士古道 220−248 號荃灣工業中心 16 樓
印　　刷：美雅印刷製本有限公司
　　　　　九龍觀塘榮業街 6 號海濱工業大廈 4 樓 A 室
版　　次：2021 年 7 月第 1 版第 1 次印刷
　　　　　© 2021 商務印書館（香港）有限公司
　　　　　ISBN 978 962 07 5883 6
　　　　　Printed in Hong Kong

前言

一

1840 年代初，部分港人聚居於閣麟街與士丹利街一帶之「上市場」地段，以及城隍街一帶的寮屋區。

1841 年，「廣州市場」在上市場區設立。稍後，遷往現金鐘道高等法院一帶地段。1842 年，中環街市落成，曾經歷 1858 年、1895 年及 1939 年的三度重建。

隨着人口不斷增加，當時已有包括飲食攤檔等，在中上環的華人居住區一帶，以及上市場、廣源市集等地段開設。廣源市集的地段後來開闢了廣源東街及廣源西街。

有一段長時期，閣麟街及威靈頓街被視為「食街」。附近的一段士丹利街，則被稱為「為食街」。

1858 年，灣仔街市落成，在附近的灣仔道及交加街，亦開設了若干家食肆和攤檔。交加街亦有「為食街」之別名。

中環擺花街及附近的街道，於十九世紀中後期為西洋娼妓區，故有若干西式食館在這一帶開設。

同時，在華人聚集、以太平山街為中心的「太平山娼院區」，除「秦樓楚館」的妓院外，亦有「配套」的酒樓、酒館，被稱為「花筵館」。1874 年的甲戌風災，大量民房、妓院及酒樓傾塌，死傷枕藉。

Queen's Road Central and Chinese New Year
Decorations, Hongkong

▲ 約 1905 年的皇后大道中。右下方為中環街市的入口橋道，中前方
可見兩部馬車。左方恒芳雀鳥旁是閣麟街。這一帶於 1841-1842
年間是第一代廣州市場所在，亦為早期華人居住區內的「上市場」。

Queen's Road Central and Cochrane Street
(on the left), c. 1905. Central Market is on
the right.

▶ 由現紅棉路東望皇后大道東（金
鐘道），1846 年。右方為第二
代廣州市場，所在約為現時的高
等法院。海軍船塢於 1850 年代
在左方的地段上興建，所在現為
力寶中心。

The second generation Canton
Bazaar on Queensway, looking
east from Cotton Tree Drive,
1846. The Bazaar's site is
where today's High Court
located.

▲ 約 1875 年華人居住的寮屋區。右中部為太平山街市
所在，中前方有兩個窗戶的屋宇是街市街（普慶坊）的
同慶戲園。左下方是東華醫院，其旁邊的宏偉建築是
位於太平山街與普仁街交界的昇平戲園。

Chinese residential cottage area of Sheung Wan
District, c. 1875. Tung Wah Hospital and is on the
lower left, with two theatres next to it.

▶ 一則有關西營盤「鹹魚大街」（德輔道西）的遂利鹹魚
號，與省城（廣州）信義鹹魚店之股份轇轕的聲明，
1885 年。

A proclamation about a share transfer of a salted fish
shop on Des Voeux Road West, Sai Ying Pun, with a
salted fish shop in Guangzhou, 1885.

告

啟者西營盤鹹魚大街門牌第
六號有年厚黎啟昌兄沾一股于
光緒七年啟昌將名下遂利股
份按與本店做至十一年正月
啟昌兄經已續回自後遂利生
意盈虧與省城信義無涉特此
佈聞以免後論　　　　　二爺
省城太平市信義鹹魚店告白

白

光緒十一年　五月初　三日

▲ 約 1880 年的皇后大道中。左方為閣麟街,「公煙」樓宇的背後是第二代中環街市,其兩旁的樓宇後來被拆卸以開闢域多利皇后街及租庇利街。

Queen's Road Central, c. 1880. The entrance of the Central Market (second generation) is on the right.

▼ 第二代中環街市的內部景象,約 1880 年。

Inside view of the Central Market (second generation), c. 1880.

1880 年代，太平山娼院區「移師」荷李活道，以及原名「下荷李活道」的水坑口街一帶，被稱為「水坑口風月區」。這一帶的新舊酒樓、酒家有杏花樓、宴瓊林等，因接近富裕華人的南北行商業區，新茶樓酒肆陸續開張，一片夜夜笙歌、城開不夜的景象。

　　1903 年，當局為發展石塘咀，限令「水坑口風月區」的妓院及酒樓，最後於 1906 年遷往該處，石塘咀隨即成為風光綺旎的「塘西風月區。全盛時期的石塘咀區內，有大小妓院五十多家，「配套」的酒樓酒家二十多家。

　　1935 年，港府實施禁娼後，風流雲散，大部分石塘咀酒樓、酒家亦隨之結束。可是，多家大小型酒樓食肆以及茶樓茶室，則紛紛在港九各區創設。

　　粵海風味的茶樓，最早的是於 1846 年開設的杏花樓及三元樓，前者於同年變身為酒樓。

　　稍後有包括雲來、得雲、得名及三多等陸續開張。踏入二十世紀初，更多茶樓、茶室開張，包括多男、平香、馬玉山及第一樓等，多家一直經營至 1990 年代。當時，不少茶樓以星期美點作號召。

　　此外，亦有大量只有一至兩個舖位的「地蹍茶居」，在平民區開設，以適應中、下層人士的消費水平。

　　1861 年，英國併佔界限街以南的九龍半島後，茶樓、酒館亦紛紛在油麻地、旺角等地區開設。

▲ 約 1880 年的上環。左方為摩利臣街，前方為
十王殿廣場，橫亘的是文咸東街。這一帶當時
有多家中式食肆，街上攤販雲集。

Eateries and stalls on Bonham
Strand East, c. 1880. Morrison
Street is on the left.

▲ 介乎文咸東街（右，上環街市所在）與永樂東街（左）及摩利臣街（正中）的十王殿廣場，約 1895 年。這一帶的外圍當時有多家華人食肆和食檔。

Sheung Wan public square, c. 1895. Wing Lok Street East is on the left. Bonham Strand is on the right. Morrison Street is at the centre.

◀ 皇后大道中，約 1894 年。正中的樓宇於在其後 1910 年代及 1920 年代依次開有馬玉山茶樓及第二代高陞茶樓。左下方為正在重建的中環街市，於 1895 年落成。遠方可見位於畢打街的鐘塔。

Queen's Road Central, c. 1894. Cochrane Street is on the right. The Central Market, which is under reconstruction, is on the lower left.

▲ 由雲咸街望向威靈頓街，約 1880 年。左中部現為
鏞記酒家所在，其上方有雙塔的建築物是位於砵
典乍街交界的第一代聖母無原罪教堂。街上可見小
販攤檔。

Wellington Street, looking from Wyndham Street, c.
1880. The building with twin towers is the Hong Kong
Catholic Cathedral of the Immaculate Conception
(first generation).

中環街市明日開幕

各項攤位亦定期開始營業

中環新街市、已定於明日舉行開幕禮、市內各攤位、除落標定於下月二日開投外、其餘均已投妥、查各項攤位商人競投之劇烈、爲本港從來所未見、市政衛生局昨發出佈告、保關於攤位之開放日期者、茲錄原文如下、

「市政衛生局總辦爲佈告事、現新中環街市各項攤位決於下這日期開放營業、甲、地下雞鴨欄及魚欄於五月三號（星期三日）開放營業、欄位租客可於五月二號（星期二日）下午二時後、將應用器物移入市內、乙、二樓肉欄（包連豬牛羊肉）、於五月四號（星期四日）開放營業、欄位租客可於五月三號（星期三日）下午二時後、將應用器物移入市內、丙、三樓菜欄及雜欄於五月五號（星期五日）開放營業、欄位租客可於五月四號（星期四日）下午二時後、將應用器物移入市內（下略）

▲ 報章上有關第四代中環街市（即現時的一座）重建落成，將於 1939 年 5 月 1 日舉行開幕禮的新聞。

Opening news of the fourth generation Central Market on 1 May, 1939.

由嘉咸街東望「食街」
威靈頓街，1910 年代。
可見多家酒莊及麋集的
食檔。

Wineries and food
stalls aggregated
on Wellington Street,
looking east from
Graham Street, in the
1910's.

由閣麟街西望皇后大道
中，約 1935 年。右下
方為中環街市。正中最
高的建築物是第一代高
陞茶樓。左前方可見春
記英食品店及永春堂涼
茶藥行。

Queen's Road Central,
c. 1935. The Central
Market is on the lower
right. The tallest building
at the centre is the first
generation Ko Shing
Teahouse.

由雲咸街望向威靈頓街，約 1920 年。街上
有若干家雲吞麵店及其他食店，路上亦有零
星攤檔。

Eateries and stalls on Wellington
Street, looking from Wyndham Street,
c. 1920.

1910 年代，婦女界開始不忌憚「拋頭露面」，在茶樓酒家進食。之後的十年八年，不少女性已在食肆擔當女侍應等工作。

　　1920 年代，酒樓、茶樓亦有粵劇及歌壇等的表演場地。相反，包括高陞及太平戲院等，卻曾暫充宴飲場地，款待內地官員及英國皇室成員。

　　除茶樓、酒家外，還有小館、晏店及粥麵店分佈於大街小巷。亦有不少內地各省市的菜館在港開設。

　　而街頭食檔亦隨人口增長不斷增加。當局曾於 1927 年及 1935 年作出規管，於戰後再演變為大牌檔。

　　長久以來，為方便市民在住宅或庭園宴客，酒家、酒樓皆有「送上門」（即名為「到會」）的包辦筵席服務。亦有專經營此種服務的「包辦筵席館」，由 1960 年代起，才逐漸被酒家酒樓所取代。

　　早於戰前，香港仔已有設於船上的食堂，以便漁民和艇戶宴聚。和平後，演變為款接遊客的畫舫，多套歐美電影亦曾在此取景。六十年代，於沙田海及青山灣增設了兩艘畫舫。

　　可與畫舫相輝映，亦能吸引中外人士者，為避風塘的遊河艇及飲食艇。此種具香港特色的避風塘風情，一直維持至 1990 年代中。

　　開埠初期，主要服務外籍人士的西餐廳、西菜館及餐室，多開設於中上環及尖沙咀的酒店內，亦有部分服務華人者，其後逐漸在繁盛的街道上開設。此外，還有咖啡室、飲冰室及牛奶和雪糕食店等。

　　至日據時期，不少食肆停業，仍在經營者，於後期多變身為賭場或娛樂場。

　　和平後，大量被迫歸鄉者回港。同時，亦有眾多內地人士南

A Chinese Tea and cake Party.

▲ 在茶樓享受「一盅兩件」的茶客，
約 1900 年。

People enjoying Chinese tea
and dim sum inside a teahouse,
c. 1900.

來，很多不同省份的「外江菜館」在各繁盛區域開設，尤其以被稱為「小上海」的北角為最。北角亦有遊樂場及多家新舞廳和夜總會，以迎合「海派」豪客。

當時，多家附設夜總會的酒樓、酒家在港九設立，多位紅歌星及影星亦在此等夜總會登台獻藝。較著名的有雲華及美麗華酒店等。

由 1960 年起，大量酒樓開設，筵席價格亦漸趨平民化，導致包辦筵席行業式微，若干家包辦館亦轉營酒樓。

相反，港島中上環區有多家行業商會的會館、社團及銀行的私人飯堂，烹調的私房菜素享盛譽，亦接受外界預定，尤以高級翅席及蛇宴，更受食客稱道。

當時，新界的著名食肆，計有以乳鴿馳名的龍華酒店、元朗大馬路的榮華及龍城酒家、新田的泰園漁村、流浮山蠔塘的裕和塘，以及屯門的容龍別墅等，吸引大批來自市區的郊遊客，一嚐郊外的風味食品。

▼ 廣州長堤大馬路，約 1930 年。正中
為東亞酒店，左方為一家供應星期美
點的「茶話處」（茶樓）。

Hotels, restaurants and teahouses on
Changdi Damalu (praya road) in Guangzhou,
c. 1930.

在酒家享受美饌的食客，約 1900 年。

Diners having their meal in a restaurant, c. 1900.

連卡喇佛公司的廣告，1941 年。該公司一如街市，供應肥雞及雞蛋等食品。

A food advertisement of Lane Crawford Company, 1941.

1950 年代，筆者父親常帶齊一家大細，前往各大小茶樓、地踎茶居，以至大牌檔等飲茶及開飯，由盅頭飯、糯米雞，以至十元八塊的四和菜等，不一而足。對於各茶樓食肆的裝飾、陳設，以及諸色人等，至今仍印象深刻。

踏入社會後，因職業所需和老闆的「帶挈」，得以叨陪末席於不少商業上的酬酢。在筵前酒後，得以品嚐到不少現時已幾成絕唱的美食，如花錦大鱔頭、網油原隻禾麻鮑脯、生炒本地孖指龍蝦球、響螺盞及椰汁燉官燕等，直至今日仍覺回味無窮。至於個人能力可消費的美食，如九記的牛腩、鏞記的燒鵝、奀記的雲吞麵等，更是「無此不歡」了。

在下亦有幸躬逢 1972-73 年間的股市狂潮，當時幾為「三日一小宴、五日一大宴」，與工作機構有關連的豪客，因在股市上大有斬獲，設盛宴「慶功」，一擲千金，毫不吝嗇，以致當時的高級食肆及銀行食堂等，均要提早三、四個月預訂。一時間、老鼠斑、二十四両排翅、大羣翅、果子貍、二十四頭溏心禾麻鮑等，皆為菜單所必備者，連蟹王翅亦被視為「唔入流」。該段時期應為香港飲食業最溸欸盛哉的黃金歲月。

回說平民化的飲食場所。於四、五十年代，多家茶樓、茶居在港九各區開設，約 1960 年為最全盛時期。

可是，好景不常，佔據兩三幢舊唐樓的茶樓，陸續被拆卸改建成高樓大廈，導致茶樓、茶居急促消失。2009 年，由茶樓變身的龍門酒樓亦終告結業，傳統老式茶樓風情亦只成追憶。

另一方面，為迎合市民口味的轉變，大量餐室、咖啡

室及冰室於和平後在各區開張。「鋸扒」、俄國菜、飲冰及西茶為市民的另一嗜好，因而衍生了兼顧上述多種品味的「茶餐廳」。

平民化的大牌檔，於 1955 年有超過 2,000 檔，連同被名為「走鬼檔」的流動或設於街頭的熟食檔，於當時為全盛期。俟後，因當局整頓路面交通而逐漸消失。

1980 年代初，內地改革開放，商機處處，宴飲機會亦復不少，但整體來說，總不及六、七十年代的風光。山珍海味價格飛漲為原因之一，主要由於社會發展步伐加速，多數大師傅缺少了「慢工出細貨」的傳統閒情逸致。

此拙著為根據 2003 年出版之舊作《香江知味——香港的早期飲食場所》，以及於 2013 年出版之舊作《百年香港中式飲食》之內容以及圖像，增刪改寫而成。

承蒙多位好友提供多張圖片及多份文獻，使此書生色不少。特別感激許日彤先生，惠賜日據時期 1943 年出版之《九龍地區料理業組合同人錄》副本，使到由 1920 年代迄至 1943 年間有關九龍中西食肆資料的缺失，得以填補，在此表示由衷的謝意。

鄭寶鴻　謹識
2021 年 3 月 20 日

第一章 茶樓

一

香港早期「飲茶」的地方，為簡陋的茶檔及茶寮。最早的茶樓是於 1846 年開業，位於皇后大道中的三元樓，以及位於威靈頓街的杏花樓。杏花樓於同年遷往皇后大道中 325 號，變身為酒樓，1931 年再改名為杏花春，一年後結業。

1850 年代，還有位於蘭桂坊的楊蘭記茶社，以及位於威靈頓街 198 號的雲來茶居。雲來茶居於二十世紀初因火災而遷往皇后大道中的得名茶樓處營業。

《循環日報》主編王韜所著的《弢園老民自傳》，記載了 1862 年至 1867 年間，他偕同友人在中環的茶樓、茗寮、小樓及酒樓「啜茗」、「試食魚生粥」、「食魚生」，以及「小飲」的經歷。

而他的另一著作《漫遊隨錄圖記‧香海羈蹤》，亦同時記載部分茶樓、酒家面貌的一鱗半爪，如下：

　　熱鬧場中，一席之費多至數十金，燈火連宵，笙歌徹夜，繁華幾過於珠江。

　　丁卯（1867）冬，書來招余，遂行。香海諸君餞余於杏花酒樓，排日為歡。

　　港民取給山泉，清冽可飲。雞豚頗賤，而味遜江浙。魚

產鹹水者多腥，生魚多販自廣州，閱時稍久則味變。

飲茶場所的名稱除茶樓外，還有茶室、茶居、茶寮、茶廳、茶座、茶社、茶話及茶話處等。早期有不少茶寮，在馬頭涌宋王台山腳等區域設立。

根據 1881 年《香港轅門報》內有關各行各業的記載，仍未列入茶樓及酒家，但有「茶葉商號」51 家。

1894 年，陳鏸勳所著《香港雜記》之中，亦無茶樓的記載，只有酒館及茶葉舖，相信茶葉舖已包含茶樓、茶室了。

1870 年代末，得雲茶居在皇后大道中 187 號一幢橫跨永勝街（鴨蛋街）的樓宇開張，其對面為雲來茶居及五號差館和水車館（消防局）。

1880 年代，在皇后大道中開張的還有品陞茶居酒樓，以及天香樓、瓊香、得名和富陞等茶居。

1890 年開始有電燈照明，加上自 1897 年中開始，取消了華人外出須攜一燃點燈籠，以及夜行執照的「夜燈夜照」苛例，市民可出夜街，茶樓酒家瞬即蓬勃發展。

1890 年代，在皇后大道中開業的茶樓茶居，有得元（144 號）、三多（166 號）、龍珠（346 號），以及位於皇后大道西 584 至 586 號的富隆。

當年的茶價為樓座 0.8-1 仙，地廳為 0.2-0.3 仙。點心的價格由 0.3-1 仙不等。部分茶樓的茶價為銀幣二厘（約 0.3 仙），故茶樓亦有被稱為「二厘館」者。

▲ 由蘇杭街和文咸東街上望皇后大道中和威靈頓街（右）的十字路口地段，1870 年代。位於正中為落成於 1858 年，設有水車館（消防局）的五號警署。「水晶眼鏡」的左鄰是雲來茶居。左方樹旁稍後開設得雲茶居。而五號警署於 1922 年改為一笑樓茶樓酒家。（圖片由佟寶銘先生提供）

The No. 5 Police Station on 176 Queen's Road Central, in the 1870's. Wan Loy Teahouse is on its right. The Police Station later became a restaurant in 1922.

▲ 位於文咸東街 1-3 號的部分得雲茶居（茶樓）（右方），
約 1910 年。

Tak Wan Teahouse on 1-3 Bonham Strand
East (right), c. 1910.

▲ 由水坑口街西望皇后大道西，約 1895
年。可見一兩家糕餅店及炒賣館。右方
有一瓊香茶居。

Chinese eatery and teahouse area on Queen's Road West, looking
west from Possession Street, c. 1895.

在二十世紀初 1900 年開業的茶樓茶居，有以下多家：

名稱	地址	名稱	地址
茶香室	文武廟直街（荷李活道）	泉香茶居	皇后大道中 157 號
友興茶居	擺花街 54 號	日南茶樓	皇后大道中 336 號
茶趣園昌記茶居	卑利街 7 號	太元茶居	皇后大道西 40 號
宜心茶居	卑利街 50 號	武彝仙館 （約 1930 年為雲香茶樓）	皇后大道西 46 號
平香茶樓	永樂街 116 號	杏香生記茶居	皇后大道西 347 號
正華茶居	皇后大道中	悦香茶居	皇后大道西 381 號
多男茶樓	皇后大道中 119 號（後來遷往皇后大道西 288 號）	日香茶居	皇后大道西 520 號
富華茶居	皇后大道中 134 號	杏芳茶居	筲箕灣東大街 89 號
得元茶居	皇后大道中 144 號	富泉茶居	紅磡蕪湖街 50 號

雲來茶居告白

啓者茲我雲來茶居開張巳歷數十年所辦金山各埠杏仁餅白糖餅中秋月餅四季糖菜俱係親自挑選上料精工製造是以中外馳名誰於四月十一晚被鄰右稅祝融之禍小號亦被殃及池魚玆現遷往中環大馬路門牌第一百二十六號得名茶居同舖侯貴客光顧或有信件請新移玉是所厚幸該得名茶居乃係小號棧務合併毘肅端此佈聞

壬寅年 五月 十八日　雲來號謹啓

聲明告白

敬啓者茲我福全堂福記今承頂到皇后大道中門牌一百六十六及威靈頓街一百一十七號一百一十九號三多茶居生意原日係鄭德芝鄭景融鄭芝庭翁等台股同做今因各東志仍用同三多招牌加多祖記弍字開張但舊東等日首所有欠到各號貨項會項揭借擔保等項一概歸舊東支理與新東無干特此聲明以免後論此佈

光緒廿九年二月廿八日　承頂三多茶居人福全堂福記啓

▲ 老牌的雲來茶居於 1902 年被大火波及,遷往皇后大道中 126 號得名茶居同舖營業的通告。高陞茶樓於 1924 年在該址開業。

A removal notice of Wan Loy Teahouse, 1902.

▲ 位於皇后大道中 166 號,背連威靈頓街 117 號的三多茶居的股份轉讓通告,1903 年。

Share transfer notice of Sam Dor Teahouse on 166 Queen's Road Central and 117 Wellington Street, 1903.

茶趣園棧昌號廣告

宜統元年 貳十四日開賢酒菜 貳月貳十日 卑利街第七號茶趣園主人啓

◄ 1909 年,位於卑利街 7 號的茶趣園茶室的廣告。

An advertisement of Cha Tsui Yuen Teahouse on 7 Peel Street, 1909.

點精期星館彝武

館設本港大道西四十弍號至四十六號
電話九〇〇九

顧籠碟叁分六厘

鮮蝦紅燒薯　江南百花餃　掛綠鵪球旦　碑姑不寶道賜顧光深茲　廳幾小關滷之醬　是自加餐勉為添聘名師妙製精點星　本館創設已來蒙各界惠顧深相推許用
　　　　　　　　生燉馬蹄糕　蓮蓉蛋糕　青豆嶺肉餃　將本號精製之精點羅列　情突至於各座以光深玆　期更換客口皆隆
　　　　　　　　鴨肉灌湯飽　雞油馬蹄糕　唐之精點　道頂顧諸君幸留意雅久已有口皆隆

▼ 位於永樂東街 116 號的平香茶樓，1985 年。（圖片由陳創楚先生提供）

Ping Heung Teahouse on 116 Wing Lok Street East, 1985.

位於皇后大道西 288 號與正街交界的多男茶樓，1989 年。

Dor Nam Teahouse on 288 Queen's Road West, 1989.
Centre Street is on the right.

由閣麟街東望皇后大道中，約 1925 年。右方為位於 94-98 號的馬玉山茶樓。

Queen's Road Central, looking east from Cochrane Street,
c. 1925. M. Y. San Teahouse on 94-98 Queen's Road Central
is on the right.

正由舖面登上樓上雅座的多男茶室，約 1985 年。

The entrance of Dor Nam Teahouse, c. 1985.

馬玉山公司增設茶樓的廣告，1915 年。

An advertisement of M. Y. San Teahouse, 1915.

1910 年代開業的茶樓、茶居計有：

名稱	地址
馬玉山茶樓 （約 1930 年易名為「新玉山」）	皇后大道中 98 號
嶺南茶樓	皇后大道中 136-140 號
第一茶樓	德輔道中 103 號
清虛閣茶居餅食	德輔道中 112 號
先施公司天台茶室	德輔道中 173 號
占元茶居	皇后大道西
品方茶居	正街 38 號
吉祥茶居 （1925 年改建為如意茶樓）	永樂街 112 號
陶然居	卑利街
陳財記茶居	荷李活道 239-245 號
天然茶居	吉席街 22 號
銘馨茶居	堅拿道西
福心茶居	油麻地
天然居	九龍城中街

由域多利皇后街西望皇后大道中，約 1928 年。左方為位於 94 號的馬玉山茶樓。正中為五層高的高陞茶樓。右方為約一年前在此營業的余仁生藥行，其前方是南興隆辦館。

Queen's Road Central, looking west from Queen Victoria Street, c. 1928. M. Y. San Teahouse is on the left. The tallest building in the middle is Ko Shing Teahouse. The Central Market is on the right.

▶ 約 1918 年的干諾道中。左方為位於與永和街交界的先施公司。右中部為大新公司。

Connaught Road Central, c. 1918. Sincere Company is on the left. The Sun Company is on the middle right.

◀ 由中環街市西望德輔道中，約 1953 年。右方為位於 103 號與租庇利街交界的第一茶樓。

Des Voeux Road Central, looking west from the Central Market, c. 1953. Dai Yat Teahouse, situated on the intersection of 103 Des Voeux Road Central and Jubliee Street, is on the right.

No. 279.   The Sincere & Co. Connought Road Hongkong.

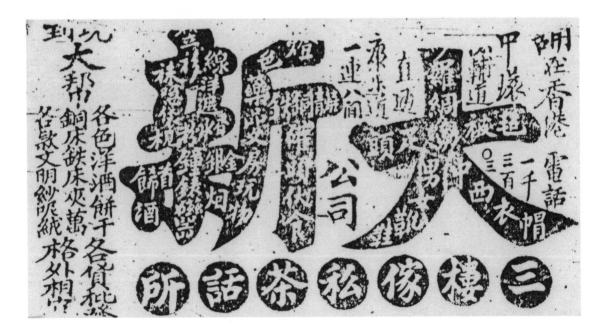

先施公司天台茶室開市的廣告，1916 年 2 月 23 日。

An advertisement of the opening of a teahouse on the rooftop of Sincere Company, 23 Feburary, 1916.

位於大新公司三樓的茶話所的廣告，1913 年 10 月 6 日。

An advertisement of a teahouse on the third floor of The Sun Company, 6 October, 1913.

▲ 上環永樂東街，約 1918 年。左方位於 112 號的吉祥茶居於 1925 年改建為如意茶樓，於數年後易名為清華閣。在吉祥茶居前橫亘的是摩利臣街。吉祥茶居於 1924 年在荷李活道雅麗氏醫院的舊址營業。左方梯級上端於和平後開設了一家經濟飯店。

Kut Cheung Teahouse on Wing Lok Street East, c. 1918. The teahouse was moved to the site of the former Alice Hospital on Hollywood Road in 1924.

▶ 吉祥茶居 1924 年遷往荷李活道舊雅麗氏醫院營業的廣告。

An advertisement of Kut Chueng Teahouse moving to the site of the former Alice Hospital on Hollywood Road, 1924.

115 Chinese Tea House Happyvally, Hongkong

▲ 位於跑馬地愉園遊樂場內的中式茶樓，約 1918 年。

Chinese teahouse at Yue Yuen Amusement Park, Happy Valley, c. 1918.

▶ 1924 年 12 月，位於皇后大道中 126 號的第一代高陞茶樓的開業廣告。

An opening advertisement of the first generation Ko Shing Teahouse on December, 1924.

1920 年代開業的茶樓計有：

名稱	地址
1922 年	
陸羽茶室	德輔道中 30 號
一笑樓	皇后大道中 176 號原五號警署
含笑茶室	皇后大道西 119 號
茗芳茶樓	皇后大道西 307 號
得如茶樓	上海街 378 號
冠芳茶室	上海街 424 號
1924 年	
南唐酒家茶話處	皇后大道中華人行天台
高陞茶樓	皇后大道中 124 號
富隆茶廳	皇后大道中 384 號
添男茶樓	永樂街 157 號
祿元居茶樓	灣仔皇后大道東 138-142 號
1925 年	
如意茶樓（數年後易名為清華閣）	永樂街 112 號
1926 年	
吉祥茶居	遷往鴨巴甸街雅麗氏醫院舊址營業
慶雲茶樓	皇后大道中 119 號
龍泉茶樓	皇后大道中 145 號
1927 年	
蓮香茶樓	皇后大道中 136 號嶺南茶樓原址
1928 年	
味腴茶室	德輔道中 130-136 號
仙境茶話、怡園茶室	德輔道中 174 號
雲泉茶室	德輔道中與機利文新街交界
金山樓	德輔道中（上環）
大景象茶室（酒家）	威靈頓街 32 號
萬國飯店	威靈頓街 112 號
正心茶樓	皇后大道西 294 號
茗芳茶樓	皇后大道西 347 號

▲ 由中環街市西望皇后大道中，約 1920 年。嘉咸街口上端可
見位於 124 號的得名茶樓的招牌。左方為得泉茶館。兩者於
1924 年變為第一代高陞茶樓。正中可見與鴨巴甸街交界的三多
茶居。右方為陳春蘭茶煙莊。

Queen's Road Central, looking west from the Central Market,
c. 1920. Tak Chuen Teahouse and Tak Ming Teahouse are on
the left. Sam Dor Teahouse is at the centre.

▲ 約 1927 年的皇后大道中，左方大酒店黑巴士旁是位於嘉咸街口的高陞茶樓。正中可見「艷芳日夜影相」及「蓮香老餅家」的招牌。右中部為慶雲茶樓。

Queen's Road Central, c. 1927. Ko Shing Teahouse is on the left. Hing Wan Teahouse is on the middle right. Lin Heung Teahouse is on the middle left.

▲ 位於皇后大道中 122-126 號的第一代高陞茶
樓及富恒銀號，1930 年代。右方為嘉咸街。
（圖片由德成置業有限公司提供）

The first generation Ko Shing Teahouse and Foo Hang Bank on
122-126 Queen's Road Central, in the 1930's. Graham Street is
on the right.

由中環街市東望皇后大道中，1962 年。正中為位於 94-100 號的第二代高陞茶樓。右方為閣麟街。

Queen's Road Central, looking east from the Central Market, 1962. The second generation Ko Shing Teahouse on 94-100 Queen's Road Central is on the right.

1922 年 12 月 14 日，位於德輔道中 30 號與利源東街交界的陸羽茶室的開市通告。

Opening notice of Luk Yu Teahouse on 30 Des Voeux Road Central, on 14 December, 1922.

◀ 由嘉咸街西望皇后大道中，約 1930 年。左方的利安鐘表右鄰是蓮香茶樓。右方是慶雲茶樓。

Queen's Road Central, looking west from Graham Street, c. 1930. Lin Heung Teahouse is on the middle left. Hing Wan Teahouse is on the right.

▶ 位於威靈頓街 160 號的第三代蓮香茶樓，2002 年。

The third generation Lin Heung Teahouse on 160 Wellington Street, 2002.

◀ 位於皇后大道中 166 號樓上，背接威靈頓街的第二代蓮香茶樓，1992 年。其前身分別為襟江酒家、太昌茶樓及三多茶居。

The second generation Lin Heung Teahouse, situated on the upper floors of 166 Queen's Road Central, 1992.

▼ 第一代蓮香茶樓的開業廣告，1927 年 8 月 10 日（農曆七月十三）。

An opening advertisement of the first generation Lin Heung Teahouse, 10 August 1927.

▼ 位於德輔道中 244-246 號的大有公司茶話處開業廣告，1924 年 9 月 4 日。

An advertisement of the opening of a teahouse in Tai Yau Company on 244-246 Des Voeux Road Central, 4 September, 1924.

34 DESVOEUX RD.C.

由同文街口西望德輔道中，約 1925 年。左方為花布街（永安街）與機利文街交界的岐山茶樓（所在現為大生銀行）。隔鄰的機利文新街口有一家雲泉茶樓。圖中兩部電車的左方是怡園西菜館，於 1930 年代初改建為金龍酒家。

Des Voeux Road Central, looking west from Tung Man Street, c. 1925. Kei Shan Teahouse and Wan Chuen Teahouse are on the left.

由文咸東街望向皇后大道中，1977 年。右方為位於384 號與水坑口街交界的富隆茶廳，而右下方「有記合」燒臘店的唐樓現仍存在。

Queen's Road Central, looking from Bonham Strand East, 1977. Fu Lung Teahouse on 384 Queen's Road Central is on the right.

館在上環永樂街口對面一連三間即曹信館
夜設微歌
回禮茶盒
結婚禮餅
揚州麵食
岩茶美點
星期雅座
如意茶樓準本月初六早開幕

如意茶樓的開業廣告，1925 年 11 月 24 日。

An opening advertisement of Yue Yi Teahouse, 24 November, 1925.

1930 年代開業的茶樓、茶室計有：

名稱	地址
五羊茶室	皇后大道中
得男茶樓	皇后大道西 113 號
萬發茶室	永吉街 1 號
陸羽茶室 （1933 年開業，1975 年遷往士丹利街現址）	永吉街 6-8 號
中山茶樓	堅尼地城
冠海茶樓	皇后大道東 206 號
茶香室	軒尼詩道（灣仔）

◀ 位於灣仔皇后大道東 138-144 號的祿元居茶樓開幕廣告，1924 年 4 月 17 日。

An opening advertisement of Luk Yuen Kui Teahouse on 138-144 Queen's Road East, Wan Chai, 17 April, 1924.

甲子年叁月十二日．本館主任梁澄川謹啟

本館設灣仔大道東暨百卅八號　電話四二八六

惠顧定當倒履歡迎兒敢不聚諸君伏祈垂鑒

恩顧定當倒履歡迎謹此佈達伏祈垂鑒

苦心經營始獲美備是亦乘此時機以報顧客諸君

弟之意爰准於本月十四日開始營業個歲

春夫夏來賀者紛紛踵正好時候本館主人費兩月之

灣仔祿元居開幕廣告

位於士丹利街 24-26 號的陸羽茶室，約 1985 年。

Luk Yu Teahouse on 24-26 Stanley Street, c. 1985.

橫跨中環皇后大道中 187 號及上環文咸東街 1 號的得雲茶樓，1985 年。右方 187 號為茶樓位於永勝街的入口。

Tak Wan Teahouse, extended over 187 Queen's Road Central (Central District) and 1 Bonham Strand (Sheung Wan), c. 1985.

▲ 位於皇后大道西 109 號的得男茶樓，
1985 年。（圖片由陳創楚先生提供）

Tak Nam Teahouse on 109 Queen's
Road West, 1985.

▶ 得男茶樓的入口，1985 年。（圖片由
陳創楚先生提供）

The entrance of Tak Nam Teahouse,
1985.

▲ 由皇后大道西望向正街，約 1930 年。右方為位於皇后大道西 294 號的正心茶樓。

Centre Street, looking from Queen's Raod West, c. 1930. Ching Sum Teahouse, situated on 294 Queen's Road West, is on the right.

▲ 灣仔春園街，約 1965 年。左方為位於皇后大道東 206 號的冠海茶樓。

Spring Garden Lane, Wan Chai, c. 1965. Koon Hoi Teahouse on 206
Queen's Road East is on the left.

以下為 1920 及 1930 年代，迄至淪陷時期的 1943 年，九龍各區茶樓、茶室的名單。名單取材自許日彤先生提供之《九龍地區料理業組合同人錄》：

名稱	地址
尖沙咀區	
豪華茶室	海防道 44 號
榮發茶室	海防道 54 號
九龍仙館	北京道 31 號
景星茶室	漢口道 17 號
利隆茶室	廣東道 68 號
合隆茶室	廣東道 80 號
油麻地區	
得月茶樓	新填地街 61 號
新金山	新填地街 100 號
八百載茶樓	新填地街 136 號
南山茶樓	新填地街 318 號
廣香棧	新填地街 356 號
南樂園	吳松街 54 號
寶靈茶樓	寶靈街 1 號
兩宜茶室	寶靈街 12 號
美化茶樓	佐敦道 28 號
茂源茶樓	廣東道 110 號
桃香園	廣東道 508 號
富如茶室	上海街 45 號
一定好茶樓	上海街 72 號（後來遷往 264 號）
工友茶樓	上海街 72 號
中華茶樓	上海街 76 號
雙溪茶室	上海街 208 號
品心茶樓	上海街 320 號
雙龍洞	上海街 400 號
得如茶樓	上海街 372-378 號

名稱	地址
油麻地區	
成珠茶樓	上海街 668 號
三珍茶室	廟街 76 號
湖山茶樓	廟街 98 號
果然號	榕樹頭 13 號
日記茶店	榕樹頭 22-23 號
嘉南園	榕樹頭 27-28 號
旺角區	
富貴茶樓	新填地街 404 號
雲來茶樓	上海街 484 號
冠粵茶樓	上海街 520 號
奇香茶樓	上海街 597 號
江寧茶樓	上海街 650 號
福棧茶樓	上海街 664 號
元香茶樓	上海街 672 號
南利茶樓	上海街 676 號
蓮香茶樓	廣東道 982 號
義棧茶樓	廣東道 1061 號
南香茶室	廣東道 1103 號
朗華茶室	奶路臣街 11 號
南興茶樓	亞皆老街 52 號
添丁茶樓	荔枝角道 57 號
深水埗區	
合記茶樓	北河街 31 號
合和祥記	北河街 56 號
龍泉棧茶室	北河街 64 號
福祿壽	北河街 111 號
龍江茶樓	北河街 115 號
成珠茶樓	上海街 668 號
北河茶樓	北河街 154 號 B
奕樂園	大南街 171 號
龍泉成記	南昌街 18 號

名稱	地址
深水埗區	
裕南茶樓	南昌街 74 號
龍華茶樓	荔枝角道 56 號
南苑茶樓	荔枝角道 77 號
大同茶樓	荔枝角道 96 號
榮如茶室	荔枝角道 124 號
茶香室	荔枝角道 130 號
天如茶樓	荔枝角道 143 號
荔香園茶室	荔枝角道 173 號
南華茶樓	荔枝角道 210 號
江林茶室	荔枝角道 216 號
裕興茶樓	荔枝角道 270 號
品芳茶樓	荔枝角道 312 號
信興茶樓	基隆街 290 號
合發茶樓	汝州街 258 號
杏芳茶樓	元州街 386 號
順記	大埔道 16 號
大昌茶樓	界限街 2 號 ABCD
雙桂茶室	青山道 336 號
新廣勝茶樓	青山道 394 號
平山茶室	長沙灣道 43 號
嘉頓喫茶店	鴨寮街 186 號
紅磡區	
合興茶樓	蕪湖街 46 號
新煥記茶樓	馬頭圍道 29 號
泰昌茶樓	馬頭圍道 206 號
成珠茶樓	寶其利街 133 號
九龍城區	
和平茶樓	打鼓嶺道 86 號
嶺南茶樓	沙埔道 45 號
勳海樓	城南道 17 號
福如茶樓	城南道 18 號

淪陷後期，大量市民被迫返回內地，加上香港食肆的經營環境日趨惡劣，大量酒家、茶樓及茶室紛紛結業。

　　1945 年和平後，市民陸續回港，茶樓、茶室等飯店業一片興旺，「飲茶」成為大多數人的生活習慣。1950 年代初，曾有一段時期，內地人士可自由往來香港，居於簡陋斗室的港人，就在茶樓、茶室招待親朋戚友。因此，導致大量新茶樓、茶室在港九各區開張。以下為部分較著名者：

名稱	地址
港島區	
1947 年	
英男茶樓	軒尼詩道 418-428 號
1949 年	
雙喜茶樓	莊士敦道 114 號
1951 年	
龍鳳茶樓 （1958 年改為龍門酒樓）	莊士敦道 130 至 136 號
1950 年代	
嶺南茶樓	擺花街 25 號
嶺南茶樓	皇后大道中 346 號
萬有茶樓酒家	軒尼詩道 338 號
鳳鳴茶樓	皇后大道西 486 號
中秋月茶座 （1962 年改為高陞茶樓）	德輔道西 103 號
西豪茶樓	卑路乍街
山泉茶樓	駱克道與波斯富街交界
西荷茶樓	筲箕灣西大街 76 號

名稱	地址
九龍區	
1940 年代	
龍鳳茶樓	彌敦道 623 號
冠男茶樓	南昌街 76 號
有男茶樓	南昌街 97 號
1950 年代	
雲天茶樓	佐敦道 37 號
日陞茶樓	廣東道 943-947 號
天海茶樓	長沙灣道 224 號
榮華茶樓	大埔道 69-71 號
寶石茶樓	大埔道

▼ 位於深水埗南昌街 76 號的冠男茶室的開業廣告，1947 年 1 月 21 日。

An opening advertisement of Koon Nam Teahouse, on 76 Nam Cheong Street, Sham Shui Po, 21 Jannary, 1947.

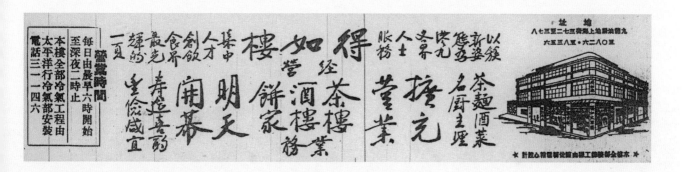

▲ 得如茶樓酒家的廣告，1957 年 1 月 30 日。

An advertisement of Tak Yue Teahouse and Restaurant, 30 January, 1957.

▲ 位於上海街 378 號的得如茶樓酒家，1992 年。

Tak Yue Teahouse and Restaurant on 378 Shanghai Street, 1992.

▲ 位於上海街 264 號與眾坊街交界的一定好茶樓，1985 年。（圖片由
陳創楚先生提供）

Yat Ting Ho Teahouse at the intersection of 264 Shanghai Street
and Public Square Street, 1985.

▲ 位於香港仔大道面向湖南街的晨光茶樓，約 1958 年。右方為位於
49 號的珊瑚酒家。

Sun Kwong Teahouse (left) and Coral Restaurant (right) on
Aberdeen Main Road, c. 1958.

▲ 位於灣仔莊士敦道 114 號的雙喜茶樓開業廣告，1949 年 2 月 2 日。

An opening advertisement of Sheung Hei Teahouse on 114 Johnston Road, Wan Chai, 2 February, 1949.

▲ 右方的雙喜茶樓和在電車後方的龍門　Sheung Hei Teahouse on 114 Johnston Road, Wan Chai (right), and
　茶樓，約 1963 年。　　　　　　　　　Lung Moon Teahouse, located behind the trams. c. 1963.

▲ 位於莊士敦道與太原街交界的雙喜　　Sheung Hei Teahouse situated at the intersection of Johnston Road and
　茶樓，1990 年。　　　　　　　　　Tai Yuen Street, Wan Chai, 1990.

▲ 位於莊士敦道 130-136 號的龍鳳茶樓灣仔分店開幕廣告，1951 年 3 月 11 日。

An opening advertisement of the Wan Chi branch of Lung Fung Teahouse, on 130-136 Johnston Road, 11 March, 1951.

▲ 由太原街東望莊士敦道，約 1955 年。正中為龍鳳茶樓。右方為家家茶廳。左方為大成酒家（現為三聯書店所在）。

Johnston Road, looking east from Tai Yuen Street, c. 1955. Lung Fung Teahouse is at the centre. Ka Ka Teahouse is on the right. Tai Shing Restaurant (where Joint Publishing bookshop located nowadays) is on the left.

▲ 由豉油街北望彌敦道，約 1960 年。中左方為龍鳳茶樓。

Nathan Road, looking north from Soy Street, c. 1960. Lung Fung Teahouse is on the middle left.

▲ 龍鳳茶樓的入口，約 1970 年農曆歲晚。

The entrance of Lung Fung Teahouse, February, c. 1970.

啟 明 樓 茶 大 鳳 龍 美 新
市 天 號 三 二 六 道 敦 彌 角 旺 龍 九 奐 美 型
　 　 　 　 　 　 　 　 　 　 　 　 輪 設
　 　 　 　 　 　 　 　 　 　 　 　 備

▲ 位於旺角彌敦道 623 號的龍鳳茶樓的開業廣告，1949 年 11 月 19 日。

An opening advertisement of Lung Fung Teahouse, on 623 Nathan Road, Mong Kok, 19 November, 1949.

▲ 位於軒尼詩道 338 號的萬有茶樓酒家開業廣告，1957 年 7 月 5 日。

An opening advertisement of Man Yau Teahouse and Restaurant on 338 Hennessy Road, 5 July, 1957.

◄ 1953 年 6 月 2 日，英女皇加冕巡遊隊伍途經軒尼詩道。正中為與史剣域道交界的灣仔茶樓及大澳飯店。（圖片由謝炳奎先生提供）

The Queen's coronation parade passing through Hennessy Road, 2 June 1953. Wan Chai Teahouse (right) and Tai O Restaurant (left) are both situated at the intersection of Stewart Road and Hennessy Road.

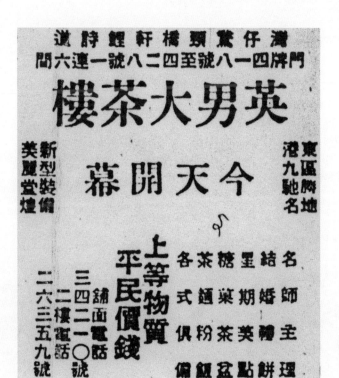

◄ 位於軒尼詩道 418-428 號（鵝頸橋旁）的英男茶樓的開業廣告，1947 年 10 月 12 日。

An opening advertisement of Ying Nam Teahouse on 418-428 Hennessy Road, 12 October, 1947.

▲ 由堅拿道向西望軒尼詩道，約 1951 年。左方為
英男茶樓。右方為大三元酒家。

Hennessy Road, looking west from Canal
Road, c. 1951. Ying Nam Teahouse is on the
left. Tai Sam Yuen Restaurant is on the right.

▼ 位於旺角廣東道 943-947 號日陞茶樓的開幕廣
告，1956 年 7 月 11 日。

An opening advertisement of Yat Shing Tea
House, on 943-947 Canton Road, Mong Kok,
11 July, 1956.

匡新計精椿司建聘本　整早源油晚日回禮　開隆
新型全心先鄧築生樓　日午源鷄飯禮餅月　幕重
型鍵部設生樹公發特　不夜源燒茶餅盒餅
鍵　部設生樹公發特　停市應鹵小禮

▲ 由廟街南望佐敦道,約 1963 年。右方為雲天茶樓及統一茶樓。正中為美化茶樓,左方為快樂戲院。

Jordan Road, looking south from Temple Street, c. 1963. Wan Tin Teahouse and United Teahouse are on the right. Mei Fa Teahouse is at the centre, Happy Theatre is on the left.

新型佈置 樓茶大陞日 旺角 廣東道 九四三— 九四七號 (一連至間) 九龍

一般人上茶樓「飲茶」，多為享受一盅茶，吃一籠或一碟兩件的點心，名為「一盅兩件」。以下簡介 1900 年至 1940 年期間之茶價及點心價格。

茶　價	
地廳	2-3 仙
樓座	7 仙至 1 毫
歌壇	5 仙至 2 毫（按茶樓等級而定）
點心價格	
	由 3 仙、5 仙至 1 毫不等

和平後迄至 1960 年代初的茶價如下：

茶　價	
地廳	1 毫至 1 毫半
樓座	1 毫半至 2 毫半
歌壇	8 毫至 1 元
點心價格	
甜點或包點	2-3 毫
鹹點	3-4 毫

高檔茶樓、茶室如陸羽等，則貴 50% 至一倍。

至 1960 年代後期，茶價及點心價格大幅跳升。

▶ 約 1954 年，在雙喜茶樓品茗的茶客。

Customers of Sheung Hei Teahouse, c. 1954.

雙喜茶樓內景，約 1985 年。

Inside Sheung Hei Teahouse, c. 1985.

位於旺角上海街 484 號雲來茶樓內的「雀籠友」茶客，約 1985 年。

A customer with cage birds in Wan Loi Teahouse on 484 Shanghai Street, Mong Kok, c. 1985.

第二章　地踎茶居

一

　　除了茶樓和茶室之外，香港亦有大量只佔一間舖位（部分為相連兩間）之平民化茶居或茶室，亦有名為茶樓者，在各區開設，被稱為「地踎（無錢而要踎在地下之意）茶居」。

　　這等茶居始於十九世紀中期，多集中於中下階層和接近街市的住宅區，包括中上環、灣仔、油麻地。因不少由潮籍人士經營，故又稱為「潮州茶居」。

　　1920 年代，單是西營盤正街，已有杏花居、月波和裕成茶室三家。至和平後的 1940-1950 年代，因消費廉宜，配合當時的艱苦環境，故地踎茶居遍佈港九各區。當時部分茶居及所在臚列如下：

名稱	地址	名稱	地址
中西區		**港島東區**	
平民	士丹頓街 42 號	永泰	皇后大道東 33 號
惠海	士丹頓街 46 號	德心	皇后大道東 50 號
德馨	士丹頓街 59 號	如香	晏頓街 4 號
牛記	士丹頓街 62 號	新記	春園街 8 號
寶寶	士丹頓街與城隍街交界	得名	春園街 49 號
貴如（第一代）	荷李活道 42 號 A	春園	春園街 63 號
瑞華（後來為瑞香）	荷李活道 50 號	敏如	莊士敦道 163 號
南天	荷李活道 233 號	桂香	灣仔道 134 號
經濟飯店	荷李活道大笪地	回教泉香	軒尼詩道 413 號
義芳	依利近街 13 號	嶺海	波斯富街 2 號
貴如（第二代）	依利近街 22 號	**九龍區**	
柏林	威靈頓街 23 號	合發	上海街 58 號
福華	威靈頓街 70 號	福棧	上海街 664 號
龍香	結志街 15 號	佳佳	上海街 668 號
成發	砵典乍街 6 號	合興	廣東道 999 號
寶泉	干諾道中 49 號	德泉	元州街 15 號
利乾	干諾道中 50 號	**紅磡區**	
禮記	水坑口街 8 號	成珠	曲街 9 號
宏利	水坑口街 18 號	振興	曲街 55 號
如香	皇后大道西 146 號	裕園	曲街 71 號
福泰	皇后大道西 382 號	蘭亭	蕪湖街 18 號
龍如	皇后大道西 414 號	榮華	寶其利街 12 號
茗泉	皇后大道西 481 號	信興	寶其利街 87 號
永春	皇后大道西 556 號	美麗	寶其利街 123 號
正味	正街 19 號	經濟	寶其利街 145 號
成茂	正街 23 號	如香同利	馬頭圍道 91-95 號
寶如	正街 38 號	**九龍城區**	
		新興	沙埔道 77 號
		圍泉	衙前圍道 38 號

▲ 位於中環依利近街約 31 號的第三代貴如茶樓，
1999 年。其第一代位於荷李活道 42 號 A。

Kwai Yue Tearoom (or Tea Shop) on 31 Elgin
Street, Central, 1999.

▼ 位於上環士丹頓街 70 號的牛記茶室，
1992 年。

Ngau Kee Tearoom on 70 Staunton
Street, Sheung Wan, 1992.

▲ 位於士丹頓街與城隍街交界的寶寶肉食公司，1977年。20年前，該處曾為寶賓茶室。

Po Bun Meat Company at the intersection of Staunton Street and Shing Wong Street, 1977. There was a Po Bun Tearoom at the same site 20 years ago.

◄ 水街的大牌檔羣，1985年。右方為位於皇后大道西414號的龍如茶室。（圖片由陳創楚先生提供）

A group of Dai Pai Dongs on Water Street, Western District, 1985. Lung Yue Tearoom on 414 Queen's Road West is on the right.

上述地踎茶居當中，以位於士丹頓街、卅間一帶的五家最為密集。已結業的寶賓之舖位現仍存在，牛記茶室一直營業，後來遷往歌賦街，數年前才結束。

位於干諾道中的寶泉及利乾茶居，面向統一碼頭及港澳碼頭，故吸引到不少「乘船過路客」光顧，其背後為著名的第一茶樓。

灣仔莊士敦道的敏如，為大眾食堂，亦聚集了不少建築工人，等候「工頭」招募往各地盤開工。曾於 1990 年代轉型為高級食館。

▶ 從大有廣場西望莊士敦道，1993 年。
右中部為位於 159 號的敏如茶居。

Johnston Road, looking west from Tai Yau Plaza, 1993. Man Yue Tearoom on 159 Johnston Road is on the middle right.

▲ 一家地踎茶居的內景，約
1965 年。

Inside a tearoom, c. 1965.

　　地踎茶居的裝潢及陳設以簡單實用為主。店舖後半部為點心、包餅製作枱及廚房。

　　當時，地踎茶居的點心是找人整個大蒸籠掛在身上推銷。每個大蒸籠可置放十多碟點心。部分點心如包類及燒賣、牛肉角等則逐件夾上小碟奉客，小蒸籠並不多見。

　　當時的茶居亦流行在每張枱上擺放一兩大碟甜點，如香蕉糕、茯苓餅、油香餅及瓜蓉酥等，讓茶客自行取食，按取去的件量計數。但往往放置一段長時間無人取食，極不衛生，此風氣於 1960 年代起消失。當時，部分茶樓的歌壇亦有此現象。

　　在冬季，不少茶居於門前行人路旁設立灶台，上置若干個紅泥小火爐製作煲仔飯，每煲售 8 毫至 1 元不等，但亦十分吸引。

第三章 茶樓女侍應（茶花）

一

茶樓侍應被稱為企堂、茶博士及揸水煲等，早期全為男性。

及至 1900 年開業的先施百貨公司，破天荒起用女售貨員。俟後，女性在社會服務漸成常態。

1921 年，武彝仙館及嶺南等茶樓，開始聘用女侍應，導致茶樓僱員組織（西家行）的「茶居行鴻泰工會」之茶樓員工罷市，要求各茶樓「限制僱用女工」及加薪。

可是，經 1922 年及 1925 年的海員罷工和省港大罷工後，多家茶樓紛紛僱用被稱為「女招待」或「茶花」的女侍應，茶樓生意因而更加暢旺。

武彝仙館的僱用條件為「需修短適中，笑靨相迎」，一些茶樓的宣傳語句為：「女子招待、份外銷魂、紅粉當爐、文君也做」，後因太露骨而遭當局禁止。

而如意茶樓的僱用條件則為：「如意女員、歌壇、唱伶，事事如意」。

武彝仙館廣告

> 1924 年武彝仙館的廣告,介紹其侍應為肥瘦適中,笑屬相迎,對客人作殷勤招待。

An advertisement of Mo Yee Sin Koon Teahouse, introducing its waitresses, 1924.

★阿玉之武術談 (闕阿)

> 1930 年報章《華星》之專欄,介紹高陞茶樓之女侍應阿玉。

A newspaper column on The China Star introducing Ah Yuk, a famous waitress of Ko Shing Teahouse, 1930.

▲ 位於上環皇后大道中 384 號與水坑口街交
界的富隆茶廳，1977 年。該茶廳是最早聘
有女侍應的茶樓之一。其背後是摩羅下街。

Fu Lung Teahouse on 384 Queen's
Road Central, Sheung Wan, 1977. The
teahouse had employed waitresses in the
early 1920's. Lower Lascar Row is at the
back of the teahouse.

當時，南洋兄弟公司的白金龍煙盒內，附送有「茶花」肖像的「茶花公仔紙」。「茶花」，一如「石花」(石塘咀妓女)、「麻花」(油麻地妓女)之後，是帶有貶義的名稱。

1925 年，鐵行輪船公司買辦黃屏蓀入稟華民政務司，以敗壞禮教為由，懇請當局禁止女侍應，但不為當局所接納。俟後，不少茶樓均以聘女侍應作招徠，樣貌美麗的「茶花」，成為茶樓的賣點，又名為「生招牌」。此現象一直維持到香港淪陷前為止。以下為 1930 年代部分知名的「茶花」：

茶樓	地址	茶花
上環金山樓	德輔道中	三妹、麗容、阿蘇和阿玉 (孖生姊妹)
鳳城 (後來的珠江)	德輔道中	鷓鴣珍、大鳳
仙境茶話	德輔道中	阿蓮、阿英
從心 (後來的味腴)	德輔道中	阿四、如意、二妹
高陞茶樓	皇后大道中	阿蘭、葉翠芳、鍾英、蕙卿、大鼻英
馬玉山茶樓	皇后大道中	細玉
蓮香	皇后大道中	阿瓊
武彝仙館	皇后大道西	鳳姐
大景象茶室	威靈頓街 32 號	阿萍

和平後，茶樓、茶室大部分僱用男工，少部分如清華閣等，僱有穿樸素藍布長衫的女侍應。

一

1910 年代，大戲園（粵劇戲院）開始有「全女班」（全部女性演員）上演粵劇。到了 1920 年代初，亦有女演藝人及歌姬在妓院及茶樓、茶室唱曲，被稱為「梨花」或「女伶」。1930 年，部分包括白金龍等煙仔盒內，會附送一張印有「梨花」肖像的「公仔紙」。

二、三十年代的歌姬，不少是塘西妓女或「龜婆」（鴇母）的養女。例如，著名的「大喉歌霸」飛影，是名妓奇仔的養女。其他紅歌伶如柳仙（徐柳仙），以及小明星（鄧曼薇）的養母，皆為鴇母。

不過，大部分由妓鴇等訓練、獻歌日久而不走紅的養女歌姬，都被養母迫作娼妓。

二十年代，一位七歲的歌舞童星曼娜，被養母帶往太平及利舞台戲院表演。另一紅歌姬麗華，由歌壇躍登銀幕為明星，後改藝名為杜鵑。

1922 年，歌姬的「四大天后」是麗華、華娘、飛影及飲恨。

同年，高陞、嶺南及武彝仙館等多家茶樓，皆於晚上 7 時至 10 時，將一層樓面闢作歌壇，每客茶價為 1 毫半至 2 毫，為普通的茶價三至四倍。

不少顧曲周郎茶客，分別為各自心儀歌伶的擁躉，被稱為「舅少」，人多勢眾的，被稱為「舅團」。名伶一晚到三家茶樓「走場」獻唱，「舅團」亦會追隨往捧場。

今日本港之遊樂場（剪報表格）

▲梨園	利園	新戲院	太平	▲銀幕	皇后	新世界	西園	香港	▲歌臺	樓名	高陞	嶺南	得雲	江南	三元	杏花	金山	如意	公共	武彝	杏南	時樂	多寶	得名

歌壇曾於 1925 年省港大罷工時聲沉影寂，但一兩年後又恢復及發展至一個新高峰，包括如意、高陞等茶樓、酒家皆設歌壇。以下為部分著名歌壇及歌伶：

歌壇	歌伶
中上環	
杏花樓酒樓	妙生
先施公司天台茶室	飛影、月兒（前名月影）
三多茶樓（後來為太昌）	瓊仙
高陞茶樓	小明星、佩珊、碧雲、蕙芳
大羅天酒店歌壇	柳青
美洲酒店天台歌壇	小明星、嫣紅、碧雲
仙境茶樓歌壇	少英
添男茶樓	飛影、花本玲、燕紅、翠姬、月兒
新金山茶樓	白蟬娟、柳青、麗芳
第一茶樓	飛影、小桃
灣仔	
祿元茶樓（祿元居）	小明星、蕙芳
高陞茶樓（分店）	小明星、蕙芳
九龍	
金山樓	月兒

▶ 塘西歌姬義唱的新聞，1939
年。當年冠軍為花影恨。

News of a charity concert by
singeresses of Shek Tong
Tsui, 1939.

▲ 歌者何月好，1929 年。

Singeress Ho Yuet Ho, 1929.

▲ 歌伶月英（右）及笑卿，1930 年。

Singeresses Yuet Ying (right) and
Siu Hing, 1930.

其他設有歌壇的九龍茶樓，包括大來、大昌、雲來及雲龍等。

早期，歌姬、歌伶一如妓女，只有名字而沒有姓氏者，稍後才
陸續加上姓氏，如月兒為張月兒、柳仙為徐柳仙等。

1930 年，港島有十多所歌壇，以添男、第一茶樓及三多規模最
大。其中添男最受歡迎，獻唱的歌伶均負盛名，樂手皆為時下名手。

到了 1934 年，因有聲電影勃興，顧曲周郎的興趣轉往電影，
歌壇只餘下添男、先施公司天台，以及由三多改名的太昌茶樓三所。

稍後，太昌茶樓改為棋壇，先施天台改為娛樂場，歌壇只餘下
添男、蓮香、中華百貨公司天台及由武彝仙館變身的雲香茶樓等。

於 1935 年中禁娼後，石塘咀有百多名妓女變身為歌姬，在酒
樓唱曲，每清歌一曲，可獲 1 元。各酒樓亦設歌姬花名冊，供飲客
挑選。

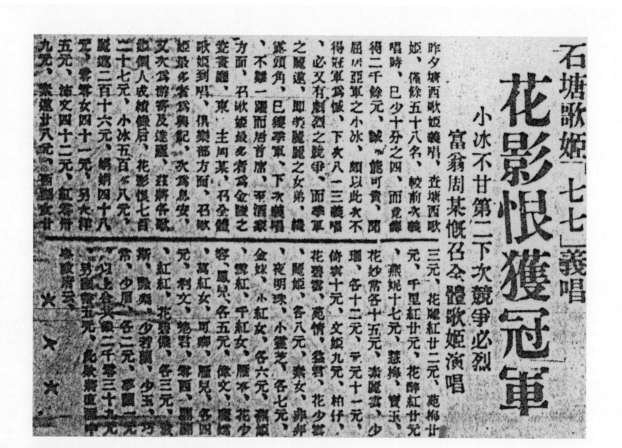

1939 年 7 月，為紀念抗日戰爭兩週年，多名歌姬在酒樓舉行「七七義唱籌款」，當中包括多名前「紅牌阿姑」，如萬紅女、翩翩、碧雲、楚君及鳳兒等。還有一位於一年前抵港的原陳塘妓女花影恨（原名朱秀珍）。當日義唱共籌得 2,000 多元，而花影恨個人就籌得 700 多元，成為冠軍。四個月後，歌姬花影恨服毒自殺殞命，多名石塘顧曲飲客同表惋惜。

▲ 塘西歌姬義唱的新聞，1938 年。

News of a charity concert by singeresses of Shek Tong Tsui, 1938.

　　淪陷時期，各區茶樓酒家皆設歌壇，部分包括張月兒、玉華、影荷及碧玲等歌伶，以及若干位瞽姬（盲歌女）皆曾獻唱。

　　和平後，部分中上環的茶樓，如高陞、蓮香、添男及平香等，皆復設歌壇。當時的紅歌伶有：張月兒、徐柳仙、冼劍勵、梁瑛及蔣艷紅等，尤以高陞及添男最為旺場。記得每經過中環街市一帶，筆者皆聽得高陞茶樓的絲竹管絃之聲，直到約 1962 年。

▲ 永樂東街，約 1953 年。右邊之經濟飯店背後是平香茶樓。
正中是添男茶樓。兩者皆設有歌壇。添男茶樓的左方是第
一代南北行公所。左中部是上環街市。

Wing Lok Street East, c. 1953. Ping Heung Teahouse and
Tim Nam Teahouse are at the centre. The first generation
Nam Pak Hong Union is on the left of Tim Nam Teahouse.
Sheung Wan Market is on the middle left.

第五章 茶樓娛樂場

一

　　1920 年代，多家茶樓如武彝仙館、多寶及得名等，皆設有娛樂場，除聘請校書（妓女）、歌姬及瞽姬（盲歌女）登台唱目外，還不時請戲子（伶人）上演大戲（粵劇）以吸引茶客。但娛樂場內不時發生打鬥，曾於 1927 年一度被華民政務司禁止經營。

▶ 禁止在茶樓演戲的新聞，
1926 年。

A news about forbidding showing operas in teahouses, 1926.

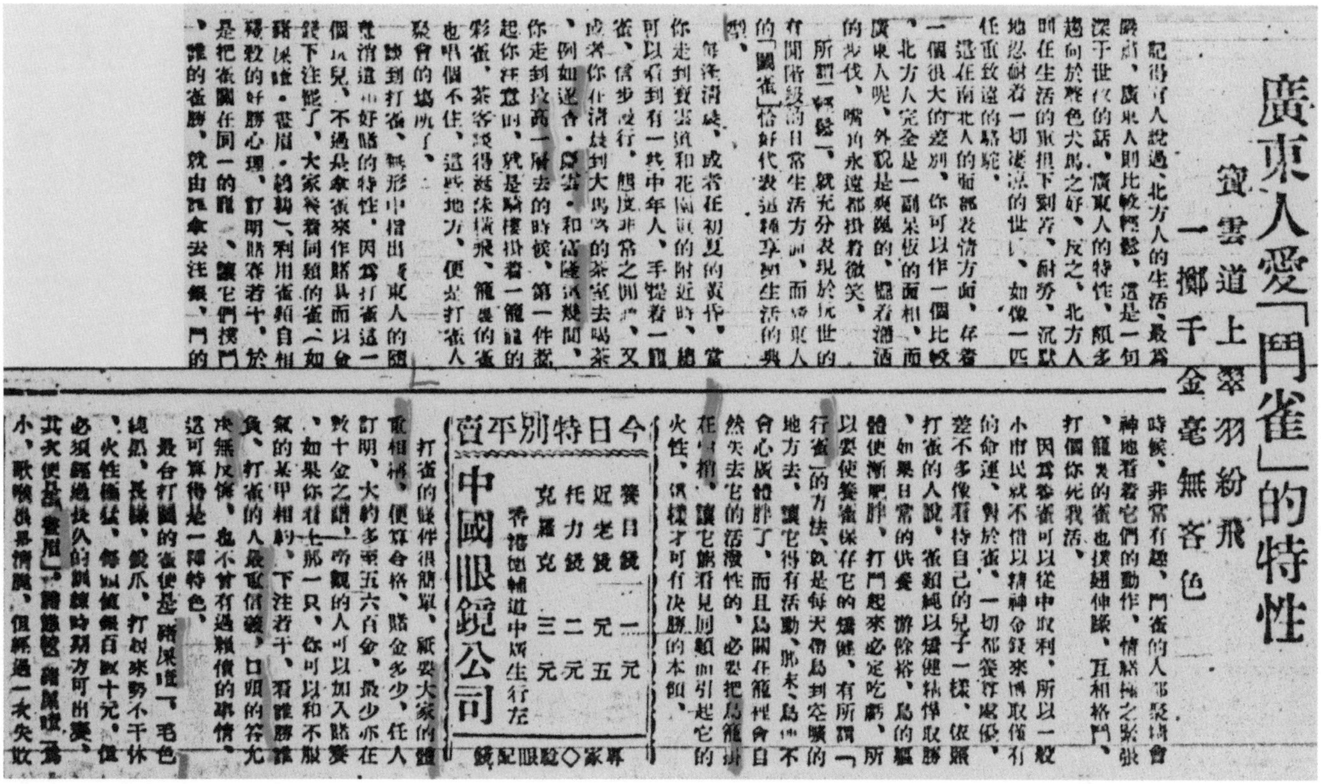

廣東人愛「鬥雀」的特性

寶雲道上翠羽紛飛　一擲千金毫無吝色

（以下為報章專欄文字）

今日特別平賣

中國眼鏡公司

香港德輔道中國生行左

▲ 有關在茶樓（包括蓮香、慶雲和富隆）內「鬥雀」
的描述，1937 年。

A newspaper column describing "bird fight" in
teahouses, 1937.

1941 年，多家茶樓包括灣仔的冠海以及六國飯店（酒店）等，皆設有北方的說書場。同年，冠海茶樓內的上海乾坤書場，舉行「南北滑稽，坤社羣芳會唱」，吸引了當時南來的文化界人士。

淪陷後期的 1944-1945 年間，包括高陞等多家茶樓曾變身為娛樂場，實際上是賭場及字花場。

1950 年，永樂街的平香茶樓設有「北京大鼓歌唱」和「平（京劇）清唱」，以及「相聲」等節目，亦旨在吸引南遷至香港的北方人士。

1950 年代，若干家茶樓開辦棋壇，在當眼處懸一大棋盤，由象棋高手李志海等主持。1955 年，蓮香茶樓舉辦「棋王金牌爭奪戰」，由梁慶全奪標。俟後，麗的呼聲有線電台曾直播茶樓的象棋比賽。

包括蓮香、慶雲、雙喜及旺角的雲來等多家茶樓，皆備有掛鈎，供「雀籠友」（攜帶籠鳥往飲茶者）懸掛雀籠，但部分是進行「鬥雀」的賭博活動者。

1959 年起，「原子粒」（半導體）手提收音機盛行，不少茶樓、茶室成為馬迷研究、評論、預測和「落馬纜」（投注外圍）的場所。大批「外圍佬」（接受黑市非法投注者）大肆活動，收受賭注和派彩。1964 年起，更接受澳門賽狗外圍投注。此現象要到 1974 年廉政公署成立後才告消失。

▲ 位於灣仔告士打道 67 號的六國飯店，1985 年。
（圖片由陳創楚先生提供）

Luk Kok Hotel on 67 Gloucester Road,
Wan Chai, 1985.

第六章 酒樓與酒家

一

　　1846 年在威靈頓街開業的茶樓杏花樓，同年遷往皇后大道中 325 號，改以酒樓經營，後來為水坑口風月區的一家花筵館。1931 年易名為杏花春，一年後結業。

　　太平山街為初期風月區的中心點，1880 年代開始，逐漸移往水坑口街及荷李活道一帶。早期這一帶的酒肆、酒樓有鳳仙樓、美香樓及萬芳樓等。

　　1886 年 1 月，宴瓊林酒樓在原名「下荷李活道」的「大水坑口」（水坑口街）約 23-25 號開張，提供亭午小酌、花局及夜局（頭圍和尾圍筵席）及外賣常便。

　　1895 年，杏花樓在報章刊登「午敍小酌」以及茶麵酒菜的價目單。

　　當時的酒樓還有在皇后大道中附近的陶陶居、水坑口街的聚南樓及聚馨樓、文武廟直街（荷李活道）的探花樓、宴蓬萊及最宜樓等。

　　太平山街則有品花樓、品元樓、冠英樓、紅杏林、賽芳樓及品芳樓等多家。

本居在上環太馬路一百九十五號房屋通爽雅潔寬闊飲食品味美價平電燈風扇當爲男女備界歡迎務所惠臨特此廣告 正十一日

陶陶居廿四日開張

陶陶居謹啟

辛亥又六月廿二

▲ 位於皇后大道中 195 號的陶陶居酒樓的開業廣告，1911 年 8 月 18 日。

An opening advertisement of Tao Tao Kui Restaurant, on 195 Queen's Road Central, 18 August, 1911.

▲ 由上環西街東望皇后大道中，1977 年。正中「光昌燕窩行」的右鄰是位於 325 號的杏花樓所在。

Queen's Road Central, looking east from Sai Street, Sheung Wan, 1977. Heng Fa Lau Restaurant on 325 Queen's Road Central is on the middle left.

二十世紀初，位於水坑口風月區一帶的酒樓和酒家包括：瀟湘館、觀海樓、壽康樓、江天樓、金芳園、桃李園、廣海樓、樂宴林、隨園、留偋館、譓觸館、松花仙館、一洞天及海山仙館等 20 多家。

當時，太平山區一帶為疫症重災區，水坑口街一帶則人口密集，衛生環境惡劣，加上原為石礦場的石塘咀之地段，平整及填海完成。1900 年代初，政府飭令水坑口區一帶的妓院，連同「配套」的酒樓，限期於 1906 年 2 月底為止，遷往石塘區。俟後近百年，縈繞不少人腦際的「塘西風月」的綺旎風光和風流韻事的篇章，便由此時開始。

　　所謂「塘西」的範圍，包括縱貫的山道，及其所穿越的遇安台與相連的南里、皇后大道西及德輔道西，亦包括晉成街、日富里以及部分堅尼地城海旁。因山道的正中有一條長長的明渠水坑，所以又被稱為水塘口及新水坑口。

　　1901 年 5 月，石塘咀觀海酒樓開張。

　　1906 年，宴瓊林酒樓結束在水坑口街的業務，於石塘咀德輔道西開新酒樓。聚南樓亦隨同遷往。

　　為方便仍在上環水坑口街一帶經營的酒樓、酒家，多家酒樓組成的行會「公慶堂」（稍後易名為「西慶堂」），特租用忠驥馬房的馬車七輛，專門接載水坑口及石塘咀區妓院之妓女，往來兩區的酒樓出局會客，並徵收每桌酒席 5 毫或 1 元以作經費。公慶堂屬下的酒樓、酒家，計有杏花樓、探花樓、聚南樓、敍馨樓、冠英樓、宴瓊林、新和昌及萬芳樓。

1886 年 1 月，宴瓊林酒樓茶居在水坑口街開張的廣告。

An opening advertisement of Yin King Lam Restaurant on Possession Street, January 1886.

由皇后大道西望向水坑口街，約 1950 年。第一代宴瓊林酒樓位於圖中右方。（香港歷史博物館藏品）

Possession Street, looking from Queen's Road West. The first generation Yin King Lam Restaurant is on the middle right.

宴瓊林酒樓遷往西環石塘咀德輔道西「新水坑口」的通告，1906 年 10 月 17 日。

Removal notice of Yin King Lam Restaurant, from Possession Street to Des Voeux Road West, Shek Tong Tsui, 17 October, 1906.

位於卑利街的賽芳樓開市告白，1902 年 6 月 23 日。

An opening advertisement of Choi Fong Restaurant on Peel Street, 23 June, 1902.

京都品元

即日開市

本樓巧弄各色細點京歀
異品麵食各種香茗上湯一
鮮餃灌湯蟹飽承接送禮
京歀點心麵食俱全
京蘇歀色太多不能盡錄
日由十點至晚十二點止
設在太平山一百九十六
號
辛丑年二月廿二日
太平山品元樓謹啟

▲ 位於太平山街 196 號的品元樓開市告白，1901 年
4 月 11 日。

An opening advertisement of Pun Yuen Restaurant,
on 196 Tai Ping Shan Street, 11 April, 1901.

觀海酒樓

卜吉四月二十七日開張

光緒辛丑年四月二十七日

原夫劉伶軼事能解五斗之醒李白狂豪拼買十金之醉故樽
邊醉人每藉摴蒱食膾炙輕逸因之寄意東山絲竹韻語猶新
北海博羅遇風茶遠斯則及時貰乎行樂不減風流作與難逢
場都成雅劇者突石塘嘴對青山地臨綠水廛分左右茶列中
西亞字欄前水映長天一色琉璃窗外雲倚瀠而齊心可謂佳
餚宜人真若酩光愛我伏望嘉賓惠好良友紛來或把袂傾
談風少評巉籙月細酌酌珠紅聲妓前陳名花定知有主酒醪
交錯觥政莫閒誰司登不快臨風叢罷佈情必掃徑瀠花以俟
將見與成酒德是所深於我客如不速好綴簧挂杖而來僕亦
多情蜂光是禱
〇本樓因利便肯客起見特設德律風於太平山冠英酒樓常
川派伴在處專代客調友及出聲公注就食經敢日屈之僻未
時常信可樂也客花等事並有手車六輛於每日下午五點鐘
晚十一點鐘常在水坑口接濟來往特并通知
香港石塘嘴觀海樓主人謹啟

▶ 位於石塘咀的觀海酒樓的開業廣告，1901 年 6 月
13 日。

An opening advertisement of Koon Hoi Restaurant,
Shek Tong Tsui, 13 June, 1901.

▶ 多家酒樓特設往來水坑口街
至石塘咀之馬車服務的通
告，1906 年 3 月 30 日。

Notice of carriage services
between Possession Street
and Shek Tong Tsui, 30
March, 1906.

▲ 位於石塘咀的廣海酒樓告白，1905 年 5 月 17 日。

An advertisement of Kwong Hoi Restaurant, Shek Tong Tsui, 17 May, 1905.

位於石塘咀皇后大道西 411 號趣天酒樓的廣告及收費表，1913 年 10 月 29 日。

Notice and price list of Tsui Tin Restaurant, on 411 Queen's Road West, Shek Tong Tsui, 29 October, 1913.

位於石塘咀皇后大道西的冠西酒樓告白，1909 年 2 月。

An advertisement of Koon Sai Restaurant, Queen's Road West, Shek Tong Tsui, February, 1909.

位於皇后大道西 494 號的洞天酒樓的開幕廣告，1906 年 10 月。

An opening advertisement of Tung Tin Restaurant on 494 Queen's Road West, October, 1906.

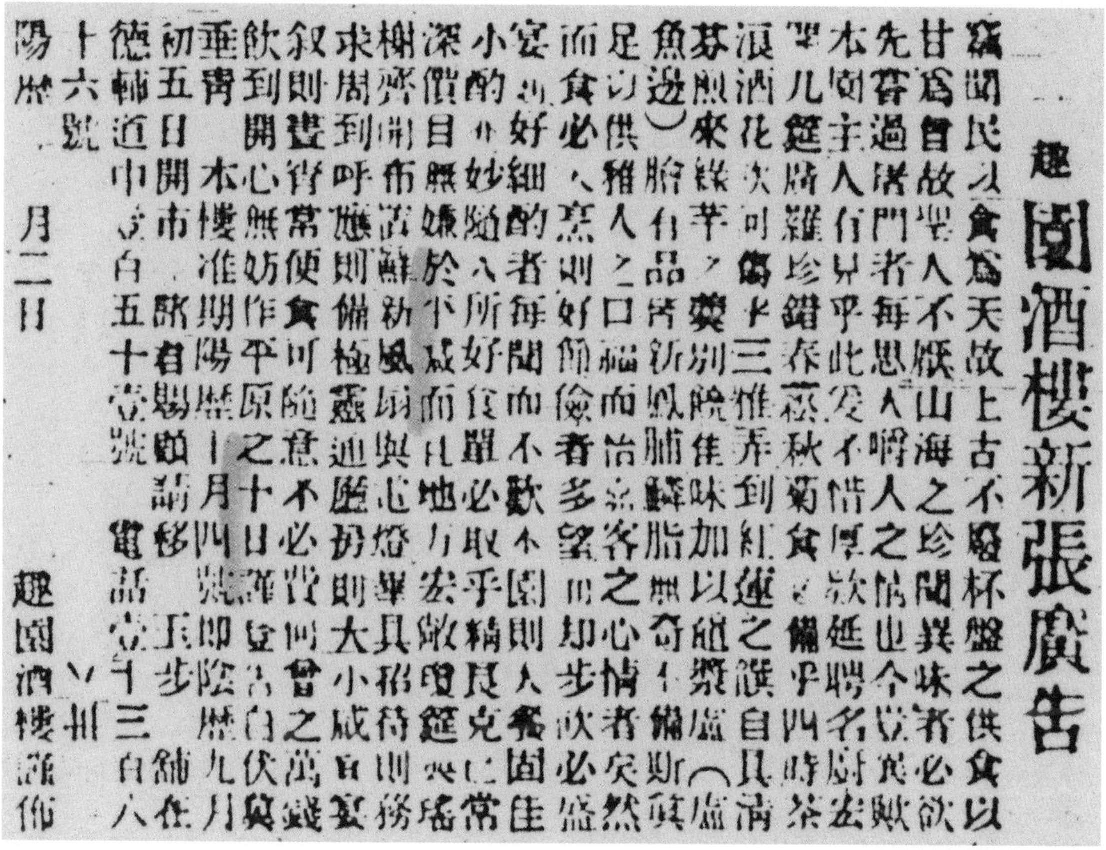

位於德輔道中 151 號的趣園酒樓的新張廣告，1913 年 2 月 10 日。

An opening advertisement of Tsui Yuen Restaurant, on 151 Des Voeux Road Central, 10 February, 1913.

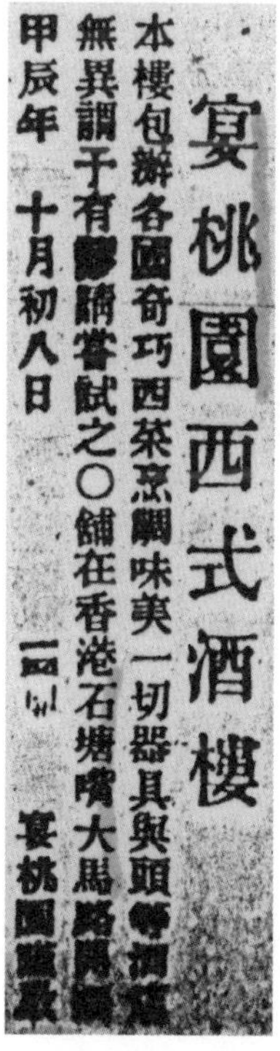

宴桃園西式酒樓的廣告，1904 年。

An advertisement of Yin Tao Yuen Restaurant, 1904.

宴桃園西式酒樓

本樓包辦各國奇巧西茶烹調味爽一切器具與頭等酒
無異請于有暇賭嘗試之○舖在香港石塘嘴大馬路門口
甲辰年 十月初八日 宴桃園謹啟

稍後，多家酒樓、酒家在石塘咀開業，包括：

名稱	地址
1906 年	
洞天酒樓	皇后大道西 494 號
樂陶陶酒肆	皇后大道西
1908 年	
群英樓	西環街（卑路乍街）1-5 號
冠西酒樓	皇后大道西
醉瓊林酒樓	皇后大道西
1909 年	
樂賢酒樓	皇后大道西
會樂酒樓	皇后大道西 419-421 號
長樂酒樓	皇后大道西 544 號
1910 年	
聯陞酒店（酒樓）	遇安台（南里）
澄天酒樓	皇后大道西
香江酒樓	德輔道西 416 號與山道交界
1911 年	
陶園酒家	德輔道西（現香港商業中心所在）
香海酒樓	皇后大道西 479 號
共和酒樓（酒店）	皇后大道西 484-496 號
趣天酒樓	皇后大道西 411 號
1913 年	
向南酒店	皇后大道西

名稱	地址
1915 年	
廣珍酒樓	皇后大道西 594 號
1918 年	
珍昌酒家	皇后大道西 486 號
金陵酒家	山道 2 號與德輔道西交界
1922 年	
頤和酒家	皇后大道西 498 號與山道交界
中國酒家	在共和酒樓原址開業
南京酒家	皇后大道西近山道
廣州酒家	皇后大道西
洞庭酒樓	皇后大道西約 500 號
萬國酒家	皇后大道西 479 號（香海酒樓原址）
洞天酒樓	遷往皇后大道西 437-445 號
太湖酒家（稍後改為新中國酒家）	皇后大道西 449 號
1927 年	
金陵酒家	遷往皇后大道西 484-496 號（中國酒家原址）
廣州酒家	由皇后大道西遷往金陵酒原址
中山酒家	皇后大道西
陶陶酒家（由樂陶陶酒肆改名經營）	皇后大道西
1929 年	
文園酒家（由聯陞酒店改組經營）	遇安台（南里）
統一酒家（由頤和酒家改名經營）	皇后大道西 498 號與山道交界

▲ 位於石塘咀電車總站旁的廣東酒店,約 1908 年。該處於 1911 年改
為陶園酒家。

Kwong Tung Hotel, situated next to Shek Tong Tsui tram terminus.
The hotel was changed to Tao Yuen Restaurant in 1911.

▲ 位於德輔道西 367 號的陶園酒家入口，
1929 年。

The entrance of Tao Yuen Restaurant,
on 367 Des Voeux Road West, 1929.

▶ 位於石塘咀皇后大道西的萬國酒家的開
業廣告，1924 年 9 月。

An opening advertisement of Man
Kwok Restaurant, Queen's Road West,
Shek Tong Tsui, September 1924.

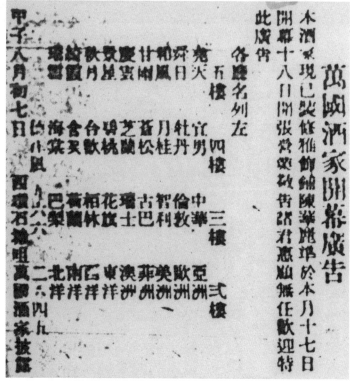

▲ 石塘咀街市及聯陞酒店（酒家），約 1919 年。

Shek Tong Tsui Market and Luen Shing Hotel (Restaurant), c. 1919.

◀ 位於皇后大道西 106 號，於 1922 年開業的第一代武昌酒樓的減價廣告，1927 年 5 月 16 日。該酒樓稍後遷入新高陞戲園大樓內。

An advertisement of Mo Cheong Restaurant (first generation), on 106 Queen's Road West, 16 May, 1927.

1920-1921 年期間，為石塘咀妓院及酒樓的全盛期，共有妓院 50 多家，酒樓 20 多家，還有若干家一如小型酒樓的俱樂部。

　　氣派豪華的塘西酒樓是一流的宴飲場所，包括金銀業貿易場等大機構的年會，多在此酒樓舉行。1912 年 5 月 21 日，華商會所亦在洞天酒樓宴請前大總統孫中山先生。

　　呼朋引類在石塘咀飲花酒，飲客需各自着侍應送「花箋」(請束) 邀妓女到酒樓陪酒，酒席分有 8 時入席的「頭圍」，和 12 時入席的「尾圍」，妓女通常只陪「尾圍」，無妓女於背後陪伴者，被稱為「身後蕭條」，十分刻薄。

　　「尾圍」的菜式一般為「八大碗」，內容有雞臘腸、火鴨、排骨、風栗炆鴨、雞丁、燉冬菇、雞蓉粟米，以及稱為「紅皮赤壯」的燒肉。

　　1922 年 4 月 6 日，英國愛德華太子 (1936 年的英皇愛德華八世 (Edward VIII)、遜位後為溫莎公爵) 訪港，華人在石塘咀太平戲院設宴款待，筵開 42 席，由金陵酒家烹調到會，菜式包括：官燕、杏仁炸斑球、雞蓉魚翅、金銀鴿蛋、仙露筍、鍋貼、伊府麵、雜錦炒飯、杏仁奶露及四式點心。聲明為中西參雜之菜式。宴後，招待貴賓觀賞粵劇《蝴蝶夢》。

　　同年 7 月，石塘酒樓員工要求加薪不果，酒樓工會議定工人罷工。而「西環酒樓同業西慶堂」則決定以鐵腕對付罷工工人。西慶堂名下有 13 家酒樓會員，包括廣州、澄天、陶園、太原、聯陞、洞天、洞庭、香海、太湖、共和、亦陶陶、香江及金陵。各酒家因罷工而停業。工潮持續 40 天後，雙方達成協議，工人復工，酒樓復業。

1922 年底，為遵照港府規例，西慶堂議決，酒樓飲局宴會酒客需於每夕凌晨 2 時散席離去，酒客及妓女，只有出門，不能進入，形成部分酒客和妓女，續到妓院款款傾談，稱為「打水圍」，直到 3、4 時為止。

當年，無論婚宴或壽筵，例必宴請賓客兩晚，首晚稱為「荇酌」，次晚稱為「梅酌」，而荇酌及梅酌，每晚均設有「頭圍」和「尾圍」。可是，大部分親友只出席次晚的梅酌，以致首晚之荇酌筵席，被白白浪費掉。

1922 年 12 月 22 日的晚上，何東爵士壽辰宴客，改為只設梅酌宴客一晚，各嘉賓亦不認為是吝嗇，而何爵士亦將首天的席費 3,000 元，捐助本港之慈善及教育機構。設宴一天之舉自此成為風氣。稍後，頭圍及尾圍亦合併成一圍。

▶ 由皇后大道西望向山道，1919 年。右方是妓院賽花和歡得，依次是香江酒樓、德輔道西後的陶園酒家。左方是第一代金陵酒家。

Hill Road, looking from Queen's Road West, 1919. The buildings from right to left are Choi Fa Brothels, Foon Tak Brothels and Heung Kong Restaurant. Tao Yuen Restaurant is behind Des Voeux Road West. The first generation Kam Ling Restaurant is on the left is.

No. 261.   Highclass Chinese Restaurant Westpoint Hongkong

▲ 位於山道與德輔道西交界的金陵 | Kam Ling Restaurant, at the intersection of Hill Road and Des Voeux
酒家，約 1915 年。1927 年，酒 | Road West, c.1915. The restaurant was relocated to 490 Queen's
家遷往皇后大道西 490 號，而原 | Road West in 1927, and the original site of the restaurant was
址則改為廣州酒家。 | changed to Canton Restaurant.

▲ 由石塘咀電車總站望向山道，約 1928 | Hill Road, looking from Shek Tong Tsui tram terminus, c.
年。當時，廣州酒家已遷往金陵酒家 | 1928. Canton Restaurant had moved to the site of Kam Ling
原址營業。電車背後是香江酒樓。中 | Restaurant. Heung Kong Restaurant is behind the tram (left). On
左方是新金陵酒家。 | the middle left is new Kam Ling Restaurant.

▲ 位於石塘咀山道上的酒樓及妓院
　夜景，約 1925 年。右方為金陵酒
　家。左方為香江酒樓。

Night scences of brothels and restaurants on Hill Road,
Shek Tong Tsui, c. 1925. Kam Ling Restaurant is on the
right. Heung Kong Restaurant is on the left.

▲ 金陵酒家的遷舖啟事，1927 年。

Removal notice of Kam Lin Restaurant, 1927.

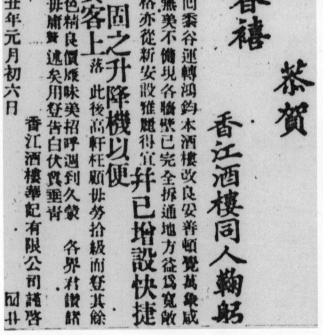

No. 106. Chinese

▲ 洞庭酒樓（上）及香江酒樓（下）的賀年廣告，1925 年 1 月。

Lunar New Year advertisements of Tung Ting Restaurant and Heung Kong Restaurant on Queen's Road West, January, 1925.

lass Restaulant West Point, Hongkong.

▲ 位於山道的石塘咀街市
（左）及背後位於南里的聯
陞酒店，約 1920 年。右
方為洞庭酒樓。

Shek Tong Tsui Market (left) on Hill Road and
Luen Shing Hotel on South Lane, c. 1920. Tung
Ting Restaurant at the intersection of Queen's
Road West is on the right.

除石塘咀外，亦有多家酒樓、酒家在港九各區開設，包括：

地址	名稱	開業年份
中上環區		
德輔道中	陶陶仙館	1908
	嘉評酒樓	1924
	大同酒家	1924
	金華酒家	約 1925
	大三元酒家	約 1925
	先施公司天台的文園酒家	1927
	皇后酒店的天台花園酒家	1927
	中華酒家	1927
	新紀元酒家	1929
皇后大道中	華人行頂樓的南唐酒家（數年後易名為大華飯店）	1924
	江蘇酒家	約 1928
威靈頓街	南園酒家	1927
	一品陞酒家	約 1927
	大景象酒家	約 1927
禧利街	狀元樓酒家（約 1930 年改為國民海鮮酒家）	1925
皇后大道西	武昌酒家（1928 年遷往新高陞戲園樓下）	1924
灣仔區		
皇后大道東	太和酒家	1924
船街	千歲館	1925
渣甸街	南華酒樓	1927
九龍區		
上海街	上海酒家	1924
	大觀酒樓	1927
吳松街	松江酒樓	1927
	大明星酒家	約 1927
油麻地區		
	大三元酒家	
	天一酒樓	
	中原酒樓	
	東南酒樓	
	大總統酒樓	

1920 年代的塘西酒樓，無論花筵或喜酌，主人家往往一擲千金，毫無吝嗇給予賞錢，稱為「白水」、「手震」或「貼士」。職工亦為主客戴帽、穿衣和扣鈕以討「打賞」。當面善頌善禱，暗裏稱這種工作為「殮」，意思為替死人裝扮，十分刻毒。

▶ 由卑路乍街東望皇后大道西的妓院區，約 1915 年。左方為亦陶陶酒樓。正中為香海酒樓。

Brothel area on Queen's Road West, looking east from Belcher's Street, c. 1915. Yick Tao Tao Restaurant is on the left. Heung Hoi Restaurant is at the centre.

◀ 皇后大道西與橫亘的山道，約 1922 年。左方為洞天酒樓及頤和酒家。右方為太湖酒家。

Queen's Road West and Hill Road, c. 1922. Tung Tin Restaurant and Yee Wo Restaurant are on the left. Tai Woo Restaurant is on the right.

▼ 頤和酒家的開業廣告，1922 年 10 月 21 日。

An opening advertisement of Yee Wo Restaurant, 21 October, 1922.

由南里向下望山道，約 1920 年。在
大水坑的右方依次為共和酒樓（原為
洞天）、太湖酒家、四大妓院（包括
綺紅、詠樂、賽花和歡得）、香江酒
樓及陶園酒家。左方為洞庭酒樓。

Hill Road, looking from South Lane,
c. 1920. To the right of the nullah
are Kung Wo Restaurant, Tai Woo
Restaurant, four brothels (including
Yee Hung, Wing Lok, Choi Fa and
Foon Tak), Heung Kong Restaurant
and Tao Yuen Restaurant. Tung Ting
Restaurant is on the left.

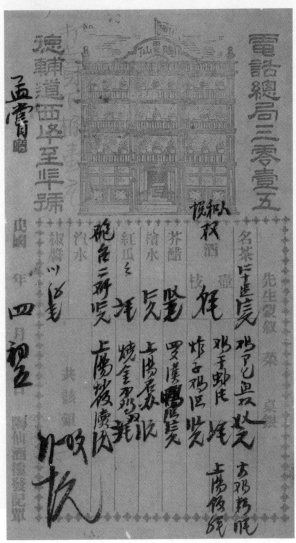

位於石塘咀皇后大道西近卑路乍街的宴桃園西式酒樓，約 1925 年。其左鄰為茗珍茶樓及德記棧晏店。

Yin Tao Yuen Restaurant on Queen's Road West, near Belcher Street, Shek Tong Tsui, c. 1925.

位於西營盤德輔道西 19-23 號的陶仙酒樓的發票，約 1920 年。（圖片由張順光先生提供）

An invoice issued by Tao Sin Restaurant, on 19-23 Des Voeux Road West, c. 1920.

▲ 由堅拿道西望軒尼詩道，1953 年 6 月 2 日加冕日。右方為位於
429 號的大三元酒家。423 號曾為鏞記的僑民飯店。正中的 413 號
為回教泉香茶樓。

Hennessy Road, looking west from Canal Road, on the Coronation
day, 2 June, 1953. Tai Sam Yuen Restaurant, on 429 Hennessy
Road, is on the right. Kiu Man Eatery was once situated on 423
Hennessy Road. Chuen Heung Teahouse, on 413 Hennessy Road,
is at the centre.

◀ 位於禧利街 33 號的狀元酒樓的開張廣告，1925 年。該酒樓數年後易名為國民酒家。

An opening advertisement of Chong Yuen Restaurant, on 33 Hillier Street, 1925. The restaurant was later renamed as Kwok Man Restaurant.

▼ 位於德輔道中 22 號與戲院里交界的嘉評酒樓的廣告，1927 年。

An advertisement of Ka Ping Restaurant on 22 Des Voeux Road Central, 1927.

▼ 新紀元酒家啟市廣告，1929 年 8 月。

An opening advertisement of Sun Kei Yuen Restaurant, August 1929.

位於德輔道中 244 號的新紀
元酒家在慶祝英皇喬治六世
加冕時的燈飾，1937 年。

Sun Kei Yuen Restaurant
on 244 Des Voeux Road,
Central, during Coronation
celebration of King George
VI, 1937.

位於皇后大道東 206 號的太
和酒家的開市廣告，1924
年 1 月。

An opening advertisement
of Tai Wo Restaurant, on
206 Queen's Road East,
January 1924.

▲ 在新紀元酒家原址開張的龍門酒家的開業廣告，1947年1月21日。

An opening advertisement of Lung Mun Restaurant, on the original site of Sun Kei Yuen Restaurant, 21 January, 1947.

◀ 位於華人行樓上的南唐酒家的開市廣告，1924年5月28日。

An opening advertisement of Nam Tong Restaurant, China Building, 28 May, 1924.

▶ 1924年的華人行。左方為皇后戲院。南唐酒家及大華飯店先後在華人行開設。

China Building, 1924, where Tai Wah Restaurant (previous Nam Tong Restaurant) located. Queen's Theatre is on its left.

1930 年代初，港府宣佈於 1935 年 7 月 1 日開始禁娼，位於港九風月區的酒樓、酒家紛紛結業。石塘咀的酒樓只餘下陶園、金陵、廣州及珍昌四家。

　　但同時卻有多家新酒樓、酒家在港九各區開張，包括位於德輔道中 188 號的金龍酒家（一度名為「大金龍」）、289 號的大榮華酒家、港島大明星酒家、五羊酒家、遠來味腴川菜酒家，以及位於德輔道西 9 號的潮州天發酒家等。

　　此外，有位於皇后大道中 70 號中華百貨公司六樓的建國酒家、152 號的華南酒家（稍後改名為「仁人」）、354 號以魚翅馳名的同樂酒家，以及 124 號的金城酒家等。

　　還有位於擺花街的陸羽居酒家、永樂街 40 號的春源酒家，以及鴨巴甸街的新均益酒家。

　　在灣仔區，有位於莊士敦道佔一連九座樓宇、約 1938 年開業的英京酒家，以及同街 142 號的東海福記酒家等。

　　而九龍區的新酒家有位於彌敦道 375 號彌敦酒店內的酒家、上海街 124 號的天然泗如酒家，以及荔枝角道 201-203 號的三民酒家。

　　以下為 1943 年出版之《九龍地區料理業組合同人錄》所刊載，部分由 1920 年代至淪陷時期開業之酒家名稱及地址：

名稱	地址
油麻地區	
大明星酒家	吳松街與西貢街交界
西南酒家	吳松街 25-27 號
多仔記酒家	吳松街 41 號
大觀酒樓	吳松街 42 號
林園酒家	吳松街 53 號
廬山酒家	吳松街 60 號
太平酒家	上海街 208 號
冠香酒家	上海街 468 號
永安酒家	廟街 135 號
南園酒家	廟街 136 號
奇園酒家	廟街 154-158 號
西園酒家	新填地街 161 號
旺角區	
金唐酒家	上海街 524 號
龍珠酒家	上海街 668 號
大明酒家	旺角道 26 號
深水埗區	
大華酒家	荔枝角道 48 號
名貴酒家	荔枝角道 77 號
京城酒家	荔枝角道 295 號
南園酒家	北河街 80 號
北河酒家	北河街 82 號
娛樂酒家	北河街 133 號
三民酒家	塘尾道 201 號
寶漢酒家	南昌街 61 號
九龍城區	
西鄉園酒家	打鼓嶺道 86 號
寶漢酒家	衙前圍道 21 號（後遷往南昌街 61 號）
吳連記	南角道 28 號

由急庇利街東望德輔道中，約 1950 年。中右方為位於 234 號的大同酒家。左方的樓宇於 1970 年代改建為鑽石酒樓。

Des Voeux Road Central, looking east from Cleverly Street, c. 1950. Tai Tung Restaurant, on 234 Des Voeux Road Central, is on the middle right. The building on the left was rebuilt into Diamond Restaurant in the 1970's.

◀ 由急庇利街東望德輔道中，約 1950 年。中右方為位於 234 號的大同酒家。左方的樓宇於 1970 年代改建為鑽石酒樓。

Des Voeux Road Central, looking east from Cleverly Street, c. 1950. Tai Tung Restaurant, on 234 Des Voeux Road Central, is on the middle right. The building on the left was rebuilt into Diamond Restaurant in the 1970's.

◀ 位於德輔道中 267 號的鑽石酒樓，2002 年。

Diamond Restaurant on 275 Des Voeux Road Central, 2002.

日據時期的 1942 年，多家茶樓、酒家及食肆復業和開張，包括陸羽茶室、襟江茶室（原為酒家）等。

至於酒家則有中西區的大華、建國、仁人、銀龍、新紀元、大同、金華及皇后酒店的酒家等。石塘咀區則有廣州、金陵、陶園及珍昌。灣仔區的酒家有悅興、金門、席珍、新亞及有仔記等。

九龍區的酒家，則大部分被日軍當局以糧食短缺為由禁止營業。暫可營業的只有太平、南園、新新酒店內的酒家，與及日軍指定深水埗娛樂區內的寶漢、樂天地、三民及大華等酒家。

1943 年底起，因電力短缺，各茶樓、酒家停開夜市，各種肉類食品亦十分昂貴。到了 1944 年中期，肉類、魚類及雞蛋等，已停止供應。

同時，日軍開徵 30% 飲食稅，食客卻步，酒家食肆等紛紛結業，包括石塘咀的珍昌、廣州及陶園等。而部分包括文園、新亞怪魚、金城、大華及金唐等酒家，則改為賭場及娛樂場。

和平後，酒樓、酒家陸續恢復營業，包括大同、金龍、銀龍、建國、廣州、金陵、英京、大三元，以及九龍的大觀及金唐等，均以豪華氣派作招徠。1945 年 10 月 25 日，鏞記酒家遷往砵典乍街 30 號 A 營業，到了 1965 年，再遷往威靈頓街 32 號。

▲ 大同酒家的廣告，1950 年 12 月 22 日。

An advertisement of Tai Tung Restaurant, 22 December, 1950.

▲ 由皇后大道西望向山道，1969 年。左方的金陵酒家已改建為金豪酒樓。（圖片由麥勵濃先生提供）

Hill Road, looking from Queen's Road West, 1969. Kam Ling Restaurant situated on the left had been rebuilt into Kam Ho Restaurant.

▲ 由皇后大道中望向皇后大道西，1977 年。正中為位於皇后大道西 2 號與水坑口街交界的金華酒家（原為大群酒家）。右方為有記合臘味店。

Queen's Road West, looking from Queen's Road Central, 1977. Kam Wah Restaurant, situated at the intersection of Queen's Road West and Possession Street, is at the centre.

由禧利街西望皇后大道中，約 1953 年。左方為中央戲院。正中為位於皇后大道中與樓梯街交界的江蘇酒家。（圖片由許日彤先生提供）

Queen's Road Central, looking west from Hillier Street, c. 1953. Central Theatre is on the left. Kong Soo Restaurant, situated at the intersection of Queen's Road Central and Ladder Street, is at the centre.

▶ 位於德輔道中 317 號與摩利臣街（左）交界的新光酒家，約 1955 年。

Sun Kwong Restaurant at the intersection of 317 Des Voeux Road Central and Morrison Street, c. 1955.

◀ 位於德輔道西 9 號的天發酒家，1985 年。（圖片由陳創楚先生提供）

Tin Fat Restaurant on 9 Des Voeux Road West, 1985.

位於皇后大道中 152 號的仁
人酒樓，1992 年。該酒樓
於 1940 年開幕時名為華南酒
家。其右方為文軒酒家。

Yan Yan Restaurant on 152
Queen's Road Central, 1992.
It is named as Wah Nam
Restaurant when it opened in
1940.

由摩利臣街西港城望向德輔道中，
約 1962 年。左方為新光酒家。右
方為銀龍酒家。正中的李寶椿大廈
十樓及十一樓開設了月宮酒樓。

Des Voeux Road Central, looking
from Morrison Street, c. 1962.
Sun Kwong Restaurant is on the
left. Ngan Lung Restaurant is on
the right. Yuet Kung Restaurant is
situated on 10/F and 11/F of Li Po
Chun Chambers at the centre.

WILLINTON ST. HONG KONG.

▲ 鏞記酒家在砵典乍街營業的廣告，
1945 年 10 月 24 日。

An advertisement of Yung Kee
Restaurant operating on Pottinger
Street, 24 October, 1945.

▲ 威靈頓街，約 1948 年。左方的大景象酒家於 1965 年變為鏞記酒家。

Wellington Street, c. 1948. Tai King Cheung Restaurant on the left was later
changed into Yung Kee Restaurant.

▲ 1992 年金禧誌慶的鏞記酒家。

Yung Kee Restaurant celebrating its Golden
Jubilee, 1992.

◄ 由皇后大道中上望砵典乍街，約 1950 年。右上
端可見於和平後遷至該處的鏞記酒家。

Pottinger Street, looking from Queen's Road
Central, c. 1950. Yung Kee Restaurant moved
to this new site on the upper left after World
War II.

四十年代後期起,不少酒樓、酒家以「冷氣開放」作標榜。

1946 年起,香港有多家酒家新開張,包括:

名稱	地址
1946 年	
中國酒家	德輔道中先施公司六、七樓
大元酒家	德輔道西 205 號
勝利酒家	永樂東街 28-30 號
1947 年	
龍門大酒家	德輔道中 244 號(原新紀元酒家)
大新酒家	威靈頓街 136-146 號(原中央酒家)
1948 年	
頤園酒家	軒尼詩道 253-255 號
綠野仙館	大埔墟靖遠街 11 號
南園酒家	大埔墟安富道 18 號
1949 年	
京華飯店酒家	娛樂行二樓(西餐)、三樓(中菜)
1950 年	
廣州馨記大飯店	駱克道 88-92 號
珊瑚海鮮酒家	香港仔大道(原廬山酒家)
石湖花園酒家	上水石湖墟
大三元酒樓	荃灣眾安街 7-13 號
洞天酒家	莊士敦道 182 號
金魚菜館	邊寧頓街 16 號
1951 年	
皇后酒家	彌敦道 29 號
容龍別墅	屯門青山公路十九咪
鳳林酒家	沙田新填地(沙田墟)
榮華大酒家	元朗大馬路

名稱	地址
1953 年	
京都花園飯店	灣仔皇后大道東秀華台（坊）
美麗華酒店酒樓	尖沙咀金巴利道
1955 年	
瓊華酒樓夜總會	旺角彌敦道 620-628 號
1957 年	
花都酒樓夜總會	彌敦道 700 號邵氏大樓
天鵝酒家夜總會	皇后大道中 35 號商業大廈二、三樓
麗宮酒樓	英皇道璇宮大廈
萬有大茶樓酒家 （後來改為龍圖酒樓及百樂門酒樓）	軒尼詩道 338 號
都城酒樓夜總會	北角英皇道近明園西街
樂宮樓京菜夜總會	尖沙咀彌敦道樂宮戲院
翠華酒樓 （後來改為漢宮酒樓夜總會）	彌敦道文遜大廈
1958 年	
首都酒樓 （稍後改名為月宮酒樓夜總會）	德輔道中李寶椿大廈十至十一樓
1959 年	
金漢酒樓夜總會	彌敦道 311 號
1960 年	
陸羽居大酒家	上海街 419-437 號一連十間

▲ 灣仔軒尼詩道與史釗域道交界，約 1953 年。左方
為位於軒尼詩道 255 號、以太爺雞馳名的頤園酒
家。正中為位於 269 號的灣仔茶樓。

At the junction of Hennessy Road and Stewart Road, Wan Chai, c.
1953. Yee Yuen Restaurant on 255 Hennessy Road is on the left.
Wan Chai Teahouse on 269 Hennessy Road is at the centre.

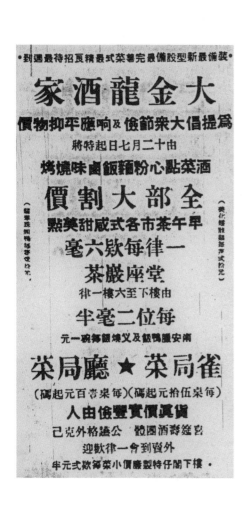

▲ 大金龍酒家的廣告，1946 年 12 月 7 日。

An advertisement of Tai Kam Lung
Restaurant, 7 December, 1946.

◀ 由林士街東望德輔道中，約 1950 年。右方
為大金龍酒家，稍後更名為金龍酒家。中
部先施公司的六、七樓，開設了中國酒家。

Des Voeux Road Central, looking east
from Rumsey Street, c. 1950. Tai Kam
Lung Restaurant (later renamed as Kam
Lung Restaurant) is on the right. China
Restaurant is situated on the 6/F and 7/
F of Sincere Company at the centre.

▲ 位於德輔道中與永樂東街交界的整幢大金龍酒家，約 1950 年。

The entire building of Tai Kam Lung Restaurant at the intersection of Des Voeux
Road Central and Wing Lok Street East, c. 1950.

▲ 由興隆街東望德輔道中，約 1968 年。左方為康樂酒樓及第一茶樓。

Des Voeux Road Central, looking east from Hing Lung Street, c. 1968. Hong Lok Restaurant and Dai Yat Teahouse are on the left.

▶ 由中環街市東望德輔道中，約 1952 年。左方為消防局及敍香園小館。敍香園後來發展為大酒樓。

Des Voeux Road Central, looking east from the Central Market, c. 1952. The fire station and Chui Heung Yuen Restaurant are on the left.

▶ 位於中華百貨公司樓上的建國酒家（左）以及位於華人行九樓的大華飯店之廣告，1955 年 6 月 10 日。

Advertisements of Kin Kwok Restaurant (situated in China Emporium Building, left) and Tai Wah Restaurant (situated on 9/F of China Building), 10 June, 1955.

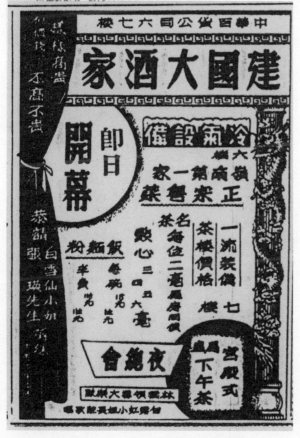

▲ 皇后大道中，1955 年。右方為位於華人行的大華飯店的入口。

Queen's Road Central, 1955. The Entrance of Tai Wah Restaurant of China Building is on the right.

▲ 跑馬地成和道，約 1962 年。左方可見位於 13 號的景生酒家。

Shing Wo Road, Happy Valley, c. 1962. King Sang Restaurant on 13 Shing Wo Road is on the left.

◀ 由利園山道東望軒尼詩道，約 1974 年。右方為位於香港大廈的紅寶石酒樓。

Hennessy Road, looking east from Lee Garden Road, c 1974. Ruby Restaurant, situated in Hong Kong Mansion, is on the right.

▶ 都城酒樓夜總會的廣告，1957 年 8 月 3 日。

An advertisement of Metropo Restaurant and Night Club, 3 August, 1957.

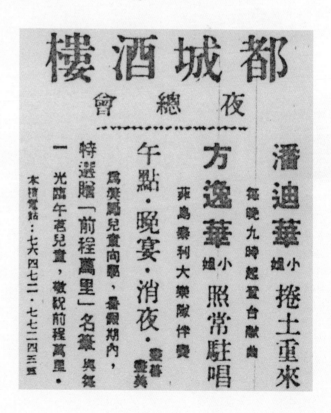

▲ 位於金巴利道的美麗華酒樓，約 1973 年。右方為位於香檳大廈的紅梅閣酒樓。

Hotel Miramar Restaurant on Kimberley Road, c. 1973. Honeycock Restaurant in Champagme Court is on the right.

▲ 美麗華酒店內之酒樓開幕廣告，1953 年 12 月 18 日。

An opening advertisement of Hotal Miramar Restaurant on Kimberley Road, 18 December, 1953.

▶ 位於銅鑼灣邊寧頓街的金魚菜館的廣告，1950 年 9 月 25 日。

An advertisement of Golden Fish Restaurant on Pennington Street, Causeway Bay, 25 September, 1950.

▲ 由太原街東望莊士敦道，約 1953
年。左方為大成酒家。右方為龍鳳
茶樓。正中為英京酒家。

Johnston Road, looking east from
Tai Yuen Street, c. 1953. Tai Shing
Restaurant is on the left. Lung
Fung Teahouse is on the right.
Ying King Restaurant is at the
centre.

　　和平後至 1950 年代開業的港九大小酒家，還有以下
的若干家：

名稱	地址
山珍酒家	德輔道中 109 號
特別酒家	德輔道中 125 號 A
大中華酒家	德輔道中 237 號
珠江酒家	德輔道中 315 號
新光酒家（戰前為皇后酒家）	德輔道中 317 號
鑽石酒家	皇后大道中 88 號
大成酒家	灣仔莊士敦道 129 號
金聲酒家	灣仔道 121-123 號
凱旋酒家	駱克道 87 號
頤和園酒家	怡和街勝斯酒店大廈
杏花邨酒家	高士威道 12-14 號
康樂酒家	北角英皇道 410-414 號
鎮南海鮮酒家	香港仔湖南街 2 號
白雲酒家	上海街 372 號
桃李園酒家	廟街 119 號
新風酒家	亞皆老街 43 號
龍園酒家	砵蘭街 371-373 號

莊士敦道，約 1968 年。右方為由龍鳳茶樓變身的龍門酒樓。左方為龍團酒家，現時為三聯書店所在。

Johnston Road, c. 1968. Lung Mun Restaurant (previous Lung Fung Teahouse) is on the right. Lung Tuen Restaurant, where Joint Publishing Bookstore situated nowadays, is on the left.

英京酒家的入口，約 1955 年。

The entrance of Ying King Restaurant, c. 1955.

▲ 1973 年的尖沙咀。星光行外有翠園酒家及美心餐廳的廣告。右方剛落成的喜來登酒店內有一家中華酒樓。

Tsim Sha Tsui, 1973. Advertisements of Jade Garden and Maxim's Restaurant are posted outside the wall of Star House. China Restaurant is situated in the newly-completed Sheraton Hotel on the right.

▶ 1971 年 11 月 6 日，在星光行翠園酒家電影慶功宴上的李小龍（左）及鄒文懷。（圖片由吳貴龍先生提供）

Bruce Lee (left) and Raymond Chow on a film celebration banquet held at Jade Garden Restaurant, 6 November, 1971.

由海防道南望彌敦道，
約 1976 年。左方為金
冠酒樓夜總會。

Nathan Road, looking
south from Haiphong
Road, c. 1976. Golden
Crown Restaurant and
Night Club is on the
left.

由炮台街東望佐敦道，
約 1963 年。左方為龍
如酒家。正中為統一酒
家及雲天茶樓。

Jordan Road, looking
east from Battery Street,
c. 1963. Lung Yue
Restaurant is on the
left. United Restaurant
and Wan Tin Teahouse
are at the centre.

位於吳松街 30-40 號與北海街（左）交界的大明星酒
家及西餐室，約 1930 年。

Tai Ming Sing Restaurant at the intersection of 30-40
Woosung Street and Pak Hoi Street, c. 1930.

▲ 位於上海街 378 號、於 1920
年代開業的得如茶樓酒家，
約 1995 年。

Tak Yue Teahouse and
Restaurant, established in
the 1920's, on 378 Shanghai
Street, c. 1995.

▶ 瓊華酒樓的開幕廣告，1955
年 12 月 11 日。

An opening advertisement
of King Wah Restaurant, 11
December, 1955.

▲ 位於彌敦道 620-628 號的瓊華酒樓，以及外江菜館滿庭芳酒樓
（右），約 1966 年。

King Wah Restaurant on 620-628 Nathan Road and Moon Ting
Fong Restaurant (right), c. 1966.

位於上海街 526 號與山東街交界的金唐酒家，
1961 年。

Kam Tong Restaurant at the intersection of
526 Shanghai Street and Shantung Street,
1961.

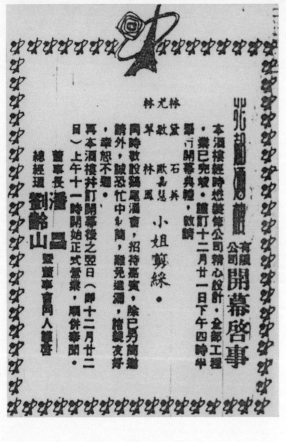

位於彌敦道與快富街交界的邵氏大廈內的花都
酒樓開業廣告，1956 年 12 月 21 日。

An opening advertisement of Fa Dao (Paris)
Restaurant, situated in Shaw Building at the
junction of Nathan Road and Fife Street, 21
December, 1956.

▲ 位於深水埗北河街與基隆街交界的北河酒
家，約 1960 年。

Pei Ho Restaurant at the intersection of
Pei Ho Street and Ki Lung Street, Sham
Shui Po, c. 1960.

▲ 由谷亭街望向青山公路（元朗段），約 1972 年。右方為龍城酒家。

Castle Peak Road, Yuen Long, looking from Kuk Ting Street,
c. 1972. Lung Shing Restaurant is on the right.

146 | 香江知味——香港百年飲食場所

位於荃灣眾安街的大三元酒樓的廣告，1950 年 5 月 12 日。

An advertisement of Tai Sam Yuen Restaurant, on Chung On Street, Tsuen Wan, 12 May, 1950.

▶ 沙田龍華酒店的廣告，1958 年 7 月 16 日。

An advertisement of Lung Wah Hotel, Sha Tin, 16 July, 1958.

▲ 元朗流浮山，約 1965 年。
正中為裕和塘酒家。

Lau Fau Shan, Yuen Long,
c. 1965. Yu Wo Tong
Restaurant is at the centre.

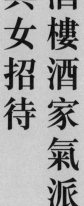

第七章

酒樓酒家氣派
與女招待

一

酒樓酒家氣派

1920 年代，部分酒樓、酒家會僱請穿織錦旗袍，並配以時髦髮型，稱為「女招待」的女侍應。1952 年，曾舉辦「侍林皇后」選舉。

1940 年代後期，社會漸趨富裕，多家酒樓、酒家開業，不少為相連多座樓宇，氣派豪華，冷氣開放，有男或女門僮，亦有印籍司閽。

1948 年，英京酒家的報章廣告標榜其規模為：「一連九間，大禮堂筵開百席，炮竹齊鳴，驚天動地。」

迄至 1967 年中為止，港九包括大同、金龍、中國、金城、英京及瓊華等多家酒樓、酒家，每當大排筵席，約 9 時將「打入席鐘」時，會燃放一串數層樓高的鞭炮。「呼呼嘭嘭」的炮竹聲，響徹中上環以至半山一帶。英京酒家的「九子連環」鞭炮鳴放時，經過的電車也要暫停，真正是「驚天動地」！

依照俗例，一到鳴炮竹，赴宴的賓客應「過門不入，打道回府」，以吃雲吞麵等充飢。

一間高級酒樓的內部陳設，約 1895 年。

Inside a high class restaurant, c. 1895.

在酒家進行「猜枚」遊戲的飲客，約 1905 年。

Customers playing "Chai Mui" game in a restaurant, c. 1905.

戰後，可在一層或兩層樓面筵開百席的酒樓、酒家，除英京外，還有大同、中國、金城、建國及大華，以及於 1964 年在告羅士打行開張的告羅士打酒家等。

香港各界華人曾於 1952 年及 1953 年，假座石塘咀金陵酒家，分別宴請英國根德公爵太夫人（Duchess of Kent），以及美國副總統尼克遜（Richard Nixon，1972 年訪華的美國總統）。

1957 年，華人代表羅文錦等，在金龍酒家設宴款待訪港的英國國防部長桑茲（Duncan Sandys）。

1959 年，英皇夫愛丁堡公爵（The Duke of Edinburgh）訪港，各界假英京酒家設宴款待。當晚冠蓋雲集，資深傳媒人韋基舜先生亦為座上貴客。而 1961 年，接待英國雅麗珊郡主（Princess Alexandra）訪港的宴會，假華人行頂樓的大華飯店舉行。

最隆重的一次，則為 1975 年款接首次訪港之英女皇（Queen Elizabeth II）的宴會，在大會堂酒樓舉行。

可見在未有會議展覽中心之前，各大酒樓皆為隆重的交際及宴會場所。

家酒大扑士羅告

Gloucester Restaurant

Gloucester Building
HONG KONG
Tels. 224402, 222616, 220236

◀ 位於告羅士打行樓上的
告羅士打酒家的封套,約
1965 年。

An envelope issued by
Gloucester Restaurant,
situated in Gloucester
Tower, c. 1965.

▶ 1952 年,在北角麗池夜總
會舉行的香港小姐選舉。
當年冠軍為但茱迪。

Miss Hong Kong Pageant,
held in Ritz Night Club,
North Point. The Miss
Hong Kong of 1952 is
Judy Dan.

戰前，很多酒樓、酒家只經營晚飯和筵席，營業時間是由下午5時至凌晨2時。戰後開始經營午飯、午茶及晨早茶市，這亦導致以早午茶市為「主打」的茶樓、茶室衰落的原因之一。

酒樓、酒家在戰前的農曆年休假，是由歲末至農曆年初的八至十天。到了1947年，酒樓業大會議決為六天，由年廿六至年初一，最後決定為四天，即由年廿八至年初一。不少酒樓、酒家都於舖前貼上「廿八收爐兼收市，初二開鑊又開年」的大紅對聯。

最先設有夜總會的宴飲場所，是1940年開業，位於鰂魚涌的麗池。由1946年起，多屆香港小姐選舉都在麗池夜總會舉行。

1950年代開張的大酒樓、酒家，大部分都附設夜總會，包括中上環的天鵝和月宮、灣仔的東都花園和仙掌、北角的雲華、麗宮和都城等。九龍則有尖沙咀的美麗華酒店和樂宮樓、旺角的瓊華和花都等。

▲ 位於北角英皇道雲華大廈的中菜
　廳，1958 年。

A Chinese restaurant in Winner
House, King's Road, North
Point, 1958.

▲ 1959 年 3 月 6 日晚上，在英京酒家設宴款待菲臘親王愛丁堡公爵。圖為公爵步入酒家的情景。
（圖片由德成置業有限公司提供）

Prince Philip, Duke of Edinburgh arrived at Ying King Restaurant, 6 March, 1959.

1960-1970 年代開張的酒樓夜總會，有中區的夏蕙和京華、灣仔的甘露和喜萬年、銅鑼灣的碧麗宮及北角的新都城。至於九龍則有尖沙咀的金冠、漢宮、海天、海城和海洋皇宮、油麻地的金漢、平安，以及旺角的國際及何文田的慶相逢等。

酒樓夜總會為商業機構之熱門宴飲交際場所，一面欣賞台上的表演，享受美酒佳餚之餘，輕歌漫舞，賓主盡歡。六、七十年代，多位歌星和表演者後來紅遍影視。

而市民亦喜在酒樓、酒家設婚宴、壽筵、彌月宴、入伙酒等大宴親朋，此為六、七十年代大量新酒樓、酒家新開張的原因。

直到 1980 年代，亦偶見在大排筵席時，邀請戲班或歌者在酒樓上演粵劇或演唱助興，現時則已鮮見。

▲ 位於美麗華酒樓的文華殿夜總會，約 1968 年。

Mandarin Night Club inside Hotel Miramar Restaurant, Nathan Road, c. 1968.

▲ 位於海運大廈內的海天酒
　樓夜總會，1966 年。

Night club of Oceania Restaurant,
Ocean Terminal, Tsim Sha Tsui, 1966.

▶ 尖沙咀翠園酒家電影慶功宴
　上的查良鏞（右）及女星苗可
　秀，1971 年 11 月 6 日。（圖
　片由吳貴龍先生提供）

Louis Cha (right) and film
star Nora Miao on a film
celebration banquet at
Jade Garden Restaurant,
Tsim Sha Tsui, 6 November,
1971.

酒樓女招待

茶樓、茶居於 1921 年開始聘請女侍應，而酒樓、酒家亦於 1925 年省港大罷工時僱用女侍應，普遍稱為「女招待」。茶樓女侍應為日薪 1 元半。酒樓女招待卻沒有工資，收入全來自「下欄」（小賬）。部分女招待會替女顧客修甲及塗指甲油，以博取「貼士」。

1930 年代，部分大餚館（即包辦筵席館）及餐室，亦有女侍應款待顧客。

以下為 1930 年代部分酒樓、酒家及當紅女招待：

名稱	地址	女招待
樂陶陶酒樓	石塘咀	阿玉（附修甲服務）
國民酒家	禧利街	惠紅、惠明、阿七、阿八
北海酒家	上環	阿英
新紀元酒家	德輔道中	惠然、高鼻英
大三元酒家	德輔道中	阿英、阿玉
鳳城酒家	德輔道中	大鳳
大同酒家	德輔道中	阿七、阿英
大中國酒家	德輔道中	阿英
南園酒家	威靈頓街	鷓鴣珍

二戰和平後，不少大、中型酒樓、酒家皆聘有女招待，包括金陵、新光、銀龍、大同、金龍、中國、建國、大華、國民、英京，還有九龍的瓊華及漢宮等。大部分穿織錦旗袍，配以時髦髮型，美艷大方。尤其是於宴請貴賓的隆重宴會時，更加嚴謹。

▲ 歌伶張月兒在英京酒家表演的廣告，1946 年。

An advertisement about the performance of singeress Cheung Yuet Yee at Ying King Restaurant, 1946.

▲ 位於德輔道中及油麻地的大明星酒家有關女侍的廣告，1931 年 4 月 10 日。

An advertisement about waitresses of Tai Ming Sing Restaurants on Des Voeux Road Central and at Yau Ma Tei, 10 April, 1931.

1959 年，紳商名流在英京酒家宴請皇夫愛丁堡公爵時，酒樓要女招待燙髮，規定她們的裝扮和舉止要端裝和大方得體。

六、七十年代，不時有女招待服務的酒樓為大同、金龍、國民、金龍及英京等，不少為美艷大方者。

七十年代後期在國民酒家飲宴，女招待仍在服務，部分已年華老去，不過風采依然。

第八章 包辦筵席館

一

十九世紀酒家食館的招牌或宣傳上，多有「包辦筵席」的字樣，服務對象是由普羅大眾以至達官貴人。而上環水坑口區以至石塘咀的大小酒樓、酒家，亦會包辦各大妓院的花筵，以供闊進行客宴請全間妓院「阿姑」的豪舉。當時，石塘咀的大酒家有陶園、金陵、香江及廣州等約 20 多家。

1922 年，華人在太平戲院宴請訪港英國皇儲的筵席，便是由金陵酒家包辦到會至該戲院者。

至於中上環兼營包辦筵席的，還有老牌的杏花樓、樂陶陶等。1924 年，「香港綢緞行公會」的徵信錄，便有「支杏花樓酒菜銀 101 元」的記載。

九龍區的著名宴席及包辦酒樓，則有油麻地的大明星及大觀，後者一直經營至 1990 年代。

1931 年，杏花樓易名為杏花春。該酒家供應晚飯及宵夜 (頭圍及尾圍) 筵席，備有多款佳餚，宣稱到聚及外賣，一律歡迎。同時，該區的酒家如南園、大三元、大中國以及多家食館，亦承接包辦筵席。

▲ 位於駱克道 348 號的鄒穩記包辦筵席館的廣告，1950 年。

An advertisement of Chow Wan Kee banquet catering shop, on 348 Lockhart Road, 1950.

◀ 位於銅鑼灣怡和街 32 號的喜臨門包辦筵席館的發單，1949 年。

An invoice of Hillman Kitchen, a banquet catering shop on 32 Yee Wo Street, Causeway Bay, 1949.

　　除酒家食館外，有多家專營包辦筵席的店號，即老一輩所稱的「大餚館」，規模大小不一，由佔整幢四層高唐樓、一間舖，甚至只為一個住宅單位者，不一而足。部分小型者只提供食材，在主人的府第內烹調。大多數則是在館內將食物烹調後，用貨車運送，亦會提供餐具和枱櫈等傢私。

　　二、三十年代，富商愛在中半山的巨宅別墅設宴款客，多由包辦館上門到會。部分巨宅的花園，可筵開二三十席者。

和平後，中半山區的著名包辦館，有堅道的曹錦泉、歐燦記，以及稍後的金源等。此外，還有包辦館於荷李活道、新街、威靈頓街、皇后大道西及正街一帶開設。

　　港島東區的知名包辦館，有位於駱克道的鄒穩記、石水渠街的瑞興、譚臣道的悅興、怡和街的喜臨門、山邊里的昭樂，以及馬師道的古傑生等。

　　九龍區的包辦館，則有位於油麻地佐敦道的泰記、廟街的大來、東南及華倫、新填地街的義記、廣東道的新連記、基隆街的曾秀記，以及福華街的劉唐記等。

　　1950 年代，港島多家包辦筵席專家，如大喜慶、咸記、福記、大歡喜及海珍等，每家皆有各自的「撚手」菜式。而上述的專家當中，部分於後來蛻變為著名酒家，以及被稱為「名人飯堂」的高級食肆。

　　除住宅外，不少社團及會社的聯歡慶祝，亦多由包辦館將筵席送上會所，以款待客人。1960 年代中，捷成洋行的大班及二班在半山的會所宴客，筵席便是由波斯富街原為包辦館的悅興酒樓上門到會者。

由廣東道望向佐敦道，約
1959 年。左方炮台街口有
一家泰記包辦筵席館。

Jordan Road, looking from
Canton Road, c. 1959.
Tai Kee banquet catering
shop at the junction of
Battery Street is on the
left.

油麻地廟街，約 1970 年。
中右方為位於 78 號的大來
包辦筵席館。

Temple Street, Yau Ma Tei,
c. 1970. Tai Loy banquet
catering shop is on the
middle right.

1960 年代，位於荷李活道 82 號與城隍街交界的咸記包辦館，
便曾包辦筵席上門到港督府款待貴賓而成為新聞。

包辦筵席專家的客戶，還有位於九龍塘及太子道一帶的別墅式
住宅，以及新落成的華廈。該段時期為包辦筵席行業的黃金歲月。
七、八十年代，筆者常往品嚐的，是位於九龍城城南道創發潮州酒
家前的張英記筵席專家。

不過，自當時起，大量舊樓及別墅式大宅紛紛拆卸並改建成高
樓大廈，而新落成之樓宇多為細小的一家一戶單位，還有廉租及徙
置區樓宇，也不足以設宴。再加上大量新酒樓、酒家開設，酒席價
格下降至與包辦館相差不遠；另外，市民為了排場與便利，多喜歡
在酒家樓頭設宴，導致包辦筵席行業式微。

一些包辦館後來曾兼營送午飯往寫字樓的「包伙食」服務以作
彌補，可是卻受到 1970 年代初政府「取締包伙食」政策的打擊，
紛紛結業。

部分仍繼續營業的將經營重點集中於秋冬季的蛇宴，當中一家
為位於灣仔永豐街近星街的李標記。

第九章 小館與粥麵店

一

百多年來，有多家平民化的小食館在香港各區開設，多佔一至兩個舖位，經營粥粉麵飯、炒賣、小菜以及筵席等，名稱分別為晏店、飯店、飯館、粥麵店以至酒家等，但市民普遍稱其為飯店、菜館、小館，以至酒館等。1894 年陳鏸勳的《香港雜記》內已有酒館的記載。

早期，這些小館的集中地位於中上環、西營盤、灣仔、油麻地、紅磡及九龍城區。

二十世紀初的知名小館，有位於荷李活道的萬珍樓、茶趣園和萬聲記；威靈頓街的瑞華園、小蓬萊和福祿園；皇后大道中的兼味樓；中國街（萬宜里）的味馨樓；德輔道中的茶香室，以及閣麟街的雲南樓和陶志園等。

這等小館供應 1 元四味以至 3 元九味的廉價小菜，顧客為坊眾及仕商。

1930-1940 年代，大量內地人士南來，小館開設得更多。以下根據《九龍地區料理業組合同人錄》的資料，臚列 1920-1940 年代部分位於九龍的小館名稱及地址：

名稱	地址
尖沙咀區	
娛樂園	北京道 43 號
隆盛	廣東道 92 號
油麻地區	
兄弟	廟街 58 號
合記	廟街 126 號
源來居	廟街 152 號
文園	佐敦道 39 號
美珍樓	上海街 348 號
金元	吳松街 56 號
新祇園	西貢街 4 號
桃香園	廣東道 508 號
旺角區	
鴻發	廣東道 982 號
福祿園	上海街 690 號
浩珍	新填地街 629 號
三妙	太子道 141 號
深水埗區	
奕樂園	大南街 171 號
佛笑園	鴨寮街 173 號
生香園	荔枝角道 306 號

　　上述小館因消費較酒樓便宜，在境況困難的淪陷期間，大部分仍可勉強維持經營。1960 年代中，仍可嚐到荔枝角道生香園的焗豬扒飯。

皇后大道中望向砵典乍街，約 1933 年。左中部可見天然居粥店。

Pottinger Street, looking from Queen's Road Central, c. 1933. Tin Yin Kui congee shop is on the middle left.

▶ 約 1935 年的砵典乍街。
天然居粥店已變為上苑興
記茶室。

Pottinger Street, c. 1935.
Tin Yin Kui congee shop
had been changed into
Sheung Yuen Hing Kee
Tearoom.

◀ 約 1948 年的砵典乍街。可見在上苑興記茶室舊址經營的鏞記酒家。

Pottinger Street, c. 1948. Yung Kee Restaurant is operating on the former site of Sheung Yuen Hing Kee Tearoom.

▶ 一家位於皇后大道西與水街交界的粥麵館，1985 年。（圖片由陳創楚先生提供）

A congee and noodle shop at the intersection of Queen's Road West and Water Street, 1985.

▲ 由莊士敦道望向利東街（喜帖街）。左方可見兩家粥麵店，2005 年。

Lee Tung Street (Wedding Invitation Avenue), looking from Johnston Road, 2005. Two congee and noodle shops are on the left.

和平後，香港百廢待興，為適應貧困的社會環境，大量平民化小館相繼開設，為人所熟知的有位於上環大笪地（現荷李活道公園）內、上環永樂街（現電訊大廈）、灣仔修頓球場，以及筲箕灣區的經濟飯店，部分供應 3 毫一碗、澆有鹵水汁的「大肉（肥豬肉）飯」。位於大笪地的一家最後於 1970 年代初才結業。

以下為 1950 年代分佈於港島各區的部分小館：

地址	名稱
中上環區	
德輔道中	山珍酒家
	大中華酒家
	敍香園飯店
	陸海通飯店
	華樂園
	金石酒家
	公團酒家
	新國民餐廳（後來為三興粥麵）
	亦樂園飯店
皇后大道中	鑽石酒家
	合記（中央戲院旁餘慶里 1 號）
皇后大道西	庸記飯店
	得記飯店
	占記飯店
	快樂園飯店
	四強酒家
	錦記飯店
威靈頓街	萬國飯店
	興記飯店
	嘗新酒家
	福建五華號
結志街	源源酒家
士丹利街	奕群英
	華英昌飯店

地址	名稱
中上環區	
閣麟街	陶志園
	鎮江酒家
	四眼陳江記飯店
砵典乍街	鏞記酒家
	新都麵家
干諾道中	杏香園
	虽二餐室（稍後變身為中記飯店）
荷李活道	會源樓
	廣生樓
	吳源記
	仁和飯店
灣仔區	
莊士敦道	生記
	四眼陳合記
駱克道	凱旋酒家
	大東飯店
	馨記飯店
	三元粥麵
軒尼詩道	袁鴻記飯店
	僑民飯店
	大澳飯店
	怡香
	晶晶酒家
茂羅街/ 汕頭街	有仔記
	操記飯店
譚臣道	昌記粥麵
皇后大道東	肥仔記
	蜀風飯店

　　稍後開業的，還有位於禮頓道的鳳城酒家，以及利園山道的雪宮仙館。

由上環街市望向德輔道中，約 1953 年。可見著名的陸海通飯店及其右鄰的新國民西菜。新國民於 1963 年變為三興粥麵。

Des Voeux Road Central, looking from Western Market, c. 1953. Luk Hoi Tong Restaurant and Sun Kwok Man Restaurant are on the middle left. Sun Kwok Man was changed into Sam Hing congee and noodle shop in 1963.

約 1930 年的德輔道中。左方開設
了永樂園和興棧小館。在正中的禧
利街兩端則有公團酒家的女眷餐廳
及華園西菜。

Des Voeux Road Central, c. 1930. Wing Lok Yuen and Hing Charn eateries are on the left. Kung Tuan Restaurant (left), Women's Café and Wah Yuen Cafe next to it are all situated on Hillier Street (centre).

位於蘭芳道 1 號的金甌粵菜館的
開業廣告，1958 年 6 月 11 日。

An opening advertisement of Kam Au eatery, on 1 Lan Fong Road, 11 June, 1958.

四眼陳飯店的廣告，1944 年 4 月
25 日。

An advertisement of Sze Ngan Chan eatery, 25 April, 1944.

▲ 由中環街市東望皇后大道中，1955 年。中右方為位於 88 號的鑽石酒家。右方為高陞茶樓。左方有一家北風臘味店，
其背後是奇香村茶行「餐室」。

Queen's Road Central, looking east from Central Market, 1955. Diamond Restaurant on 88 Queen's Road Central is
on the middle right. Ko Shing Teahouse is on the right.

▲ 廣州馨記大飯店的開業廣告，1950 年 2 月 23 日。

An opening advertisement of Canton Hing Kee eatery on Lockhart Road, 23 Feburary, 1950.

以下為 1950 年代分佈於九龍各區的部分小館：

地址	名稱
油麻地區	
彌敦道	九龍大飯店
	重慶菜館
	愛皮西飯店
上海街	林旺記
	神燈
吳松街	永安園
	三楚麵家
	快樂麵家
西貢街	池記
	百吉奶麵

上述位於港九的小館，多家均有各自的風味和特色，例如位於現盈置大廈前身舊樓的敍香園和杏香園，皆享美譽。敍香園於 1970 年代在駱克道及尖沙咀漢口道曾開設高級酒家。位於德輔道中及德輔道西的兩家公團酒家，是最早以燒鵝馳名的小館。

陸海通飯店、新國民餐館及毗鄰的太平館，為上環的著名小館，新國民於 1960 年代初改為第二代的三興粥麵。

附近還有亦樂園飯店及金石酒家。金石酒家的地段於 1970 年代初改建為新的鑽石酒家。鄰近中環街市的一段德輔道中，還有山珍酒家及特別海鮮酒家，皆十分旺場。

1950 年代初於皇后大道中 88 號開業的第一代鑽石酒家，於 1960 年初被改建為勵精大廈之後，仍在新廈之原址舖位繼續營業。後來，又在駱克道、德輔道中開設大型酒家。 1960 年代，亦有一分店位於西洋菜街。

位於餘慶里的合記飯店，供應小菜和粥粉麵飯，其馳名的「大蝦粥」，在滾熱的粥內有一隻部分露於粥面的大

由皇后街東望皇后大道西，1994 年。左中部為位於 47 號的著名小館斗記。其右鄰的樓上為另一名館尚興。右方為「潮州巷」（香馨里）的入口。

Queen's Road West, looking east from Queen Street, 1994. Famous Chiu Chow eatery Dao Kee on 47 Queen's Road West, is on the middle left.

蝦，浮滿橙紅色的膏油，令人垂涎。1960 年代每碗售 3 元。

位於威靈頓街的萬國飯店，內部有大量字畫作裝飾，頗為典雅，其下方的士丹利街被稱為「為食街」，有奕群英及蛇王芬等小館，蛇王芬後來遷往閣麟街 30 號，其隔鄰於早前曾有位於 26 號的陶志園和 34 號的鎮江。陶志園於 1905 年開業時為牛奶雪糕店，後轉為小館，當時以「石斑粥」馳名。

1942 年，在廣源西街開業的鏞記原為大牌檔，同年遷往永樂東街 32 號，稍後曾遷往軒尼詩道的僑民飯店。和平後的 1945 年 10 月，再遷往砵典乍街 30 號 A，稍後合併隔鄰 30 號 B 的新都麵室。1965 年，再遷往威靈頓街 32 號，該址原為大景象酒家。稍後，鏞記成為蜚聲國際的食府。

1974 年，鏞記馳名燒鵝每小碟仍只售 5 元，茄汁斑塊則售 6 元。

位於鏞記斜對面，有一家福建五華號，為一平民化小館。在 1970 年，個人花費 3 至 4 元已可吃到一頓豐盛的晚飯。

同位於威靈頓街的，還有一家嘗新小館，其小菜亦頗為馳名。其東鄰為襟江酒家，於八十年代初變為第二代蓮香樓。

位於擺花街現中環大廈處，有一街坊小菜館和記，其外賣生意十分旺。鄰近的荷李活道上亦有多家小館，當中吳源記較為著名，其老闆名為「黑骨源」，稍後亦經營一家仁和飯店，1970 年代初，他再經營一家三層高的吳源記酒家，聚集了包括摩羅街一帶的一羣古物及錢幣收藏者。附近的水坑口街兩旁，還有會源樓及廣生樓飯店。

位於鴨巴甸街王老吉涼茶莊右鄰，有一小館式的山海酒家，其下方永吉街 1 號陸羽茶室對面，也有一家萬發飯店，以片兒麵及娥姐粉果馳名。山海及萬發皆於 1970 年代初結業。

上環「潮州巷」（香馨里）內，早期有一家以「游水黃花魚拆肉打魚麵」馳名的潮州小館嘉源，稍後的小館也有兩興、尚興、陳勤記，以及亦以魚麵馳名的斗記。1960 年代末，筆者在此品嚐滷鵝、沙茶牛河、蠔餅、紫菜雙丸（牛丸、魚丸）河，以及斗記老闆斗叔推介的魚麵等平民化美食，「飲飽食醉」之餘，會步往巷旁文咸西街之街檔，享受鴨蛋白果清心丸糖水。

西營盤皇后大道西的庸記和得記也是馳名的小館，以炒賣和燒味、鹵味享譽，筆者最喜歡庸記之「生魚片連湯」。早期兩者皆為相連舖的小館，所在之處在八十年代初差不多同時改建為大廈，數層為酒家，但兩者皆不久便停業。

▲ 位於威靈頓街 121 號的嘗新酒家，以及位於 117 號的第二代蓮香茶樓，1992 年。該址原為襟江酒家。

Sheung Sun Restaurant on 121 Wellington Street and the second generation Lin Heung Teahouse next to it (on 117 Wellington Street), 1992.

▲ 位於彌敦道近登打士街的愛皮西飯店分店，約 1962 年。

A branch of ABC Restaurant on Nathan Road near Dundas Street, c. 1962.

愛皮西大成飯店經已開幕

注意：開幕大酬謝　凡購餅五磅以上者即奉送　女侍款待各界仕光　各界光臨

特設：各式茶點麵包　中西酒菜　西式禮餅　婚嫁禮餅　無任歡迎顧客

恭請各界光臨　賜顧

電話：五八二四一　九龍彌敦道七一九號

　　港島東區的著名小館，有位於莊士敦道的祥記及雙喜樓、汕頭街的操記、譚臣道的昌記粥麵、石水渠街的悦香以及茂羅街的有仔記等。

　　這些小館皆為以小菜、海鮮及粥麵為主的街坊食店。操記一度遷往皇后大道東的東美中心旁的永樂里，稍後再遷往大王東街，但不久便結業。永樂里原址曾開了一

▲ 位於彌敦道 719 號的愛皮西大成飯店的開業廣告，1950 年 7 月。

An opening advertisement of ABC Tai Shing Restaurant on 719 Nathan Road, July 1950.

▲ 位於茂羅街 91 號的有仔記酒家（正中），
約 2005 年。

Yau Chai Kee Restaurant (centre) on 91
Mallory Street, Wan Chai, c. 2005.

家大佛口食坊。佔用孖舖的有仔記經營至約 2010 年才
停業。雙喜樓以海鮮馳譽。昌記粥麵則曾遷往軒尼詩道
近天樂里，亦供應「蝦王粥」。

　　上述小館中，鏞記、合記、斗記、操記、昌記及牛
腩檔的九記，於 1960 年代中，被食家們譽為飲食名店的
「浮生六記」。

▲ 位於上海街近豉油街的神燈海鮮菜館，約 1985 年。

Sun Dung Seafood Restaurant on Shanghai Street near Soy Street,
c. 1985.

▲ 位於北角英皇道 339 號的北大菜館的
廣告，1961 年 7 月 14 日。

An advertisement of Pak Tai eatery
on 339 King's Road, North Point, 14
July, 1961.

　　港島東區的馳名小館，還有位於軒尼詩道與波斯富
街交界的怡香，以及禮頓道與伊榮街交界的鳳城酒家。
鳳城以順德菜享譽，多區皆開設分店。

　　一位高等法院大法官曾告知筆者，他常往光顧一家
位於利園山道，由名伶任劍輝及白雪仙經營的雪宮仙館。
大法官曾目睹兩位紅伶「粉墨登場」，不是表演粵劇，而
是親自下廚，大展廚藝！

　　五、六十年代，位於九龍的知名小館，有油麻地佐敦
道的千歲酒家和千秋酒家、旺角上海街的神燈和富記，
以及窩街的馮不記和羊城。此外，還有深水埗荔枝角道
的涎香、大埔道的金元等。

位於上海街近山東街的富記粥粉
麵飯小館，1992 年。

Fu Kee eatery on Shanghai
Street near Shantung Street,
1992.

約 1970 年，還有一家位於新填地街，以海狗魚等野
味馳名的東風樓，以及位於其附近長沙街，24 小時營業
的昇平酒家。筆者不時與好友在此歡聚。

眾多小店中，神燈的廉美海鮮、富記的大碗湯和粥
麵等令人印象深刻。筆者也難忘九龍城太子道西南酒樓
的紙包骨，以及侯王道樂口福酒家的潮州美食及魚麵等。

第十章 外江菜館

一

「外江菜館」或「上海館」，是粵籍港人對京、川、滬、閩等外省及北方菜館的稱謂。 1930 年代，已有厚德福、蜀風等北方菜館在香港開設。而位於華人行頂樓、由南唐酒家於約 1920 年代末易名經營的大華飯店，早期亦為外江菜館，稍後才轉為粵菜酒家。

淪陷時期，亦有大上海飯店、川滬又一邨飯店及五芳齋菜館等在港營業。

和平後的 1946-1949 年間，大量內地各省市的人士遷港，大量外江菜館遂在港九各區開張。以下為部分新舊菜館：

名稱	地址
港島區	
京滬飯店	德輔道中 63 號
上海老正興	德輔道中 244 號
大滬飯店	都爹利街 9 號
京都大酒店杭州菜	皇后大道中 10 號
上海三六九菜館	威靈頓街 34 號
天津海景樓	干諾道中 135 號
福建聚春園飯店	租庇利街 3 號
北平厚德福酒家	皇后大道西 443 至 445 號
上海太平飯店	皇后大道西 464 號
巴喇沙上海飯店（稍後變為上海雪園老正興飯店）	駱克道 155 號
大鴻運酒樓京滬川菜	灣仔道 78 號
美利堅	灣仔道 151 號
北京清真北來順酒家	皇后大道東 104 號
蜀珍川菜社	軒尼詩道 21 號
平津何倫會賓樓酒家	軒尼詩道 95 號
豐澤樓	軒尼詩酒店樓下
上海王家沙	告士打道 179 號
華都飯店	高士威道 6 號
豪華樓京川滬菜	怡和街豪華戲院大廈十一樓
皇家飯店	英皇道 355 號
五芳齋菜館	英皇道 361 號
福建嘉賓酒家	英皇道 374 號
錦江川菜館	英皇道月園遊樂場內
九龍區	
九龍大飯店	彌敦道近柯士甸道
川菜竹林小館	柯士甸道 37 號
雪園飯店京川滬菜	彌敦道近寶靈街
上海五芳齋	白加士街 27 號
曲園酒家三湘名菜	庇利金街 2-4 號
天香樓杭菜館	吳松街 140 號
南園京滬川菜	廟街近北海街
知味觀杭菜館	彌敦道近西貢街
厚德福酒家	彌敦道 750 號 B-C
大華京滬菜館	界限街 115 號
一品香菜館	九龍城獅子石道 （後來有開設於尖沙咀金巴利街及銅鑼灣啟超道者）

▲ 1954 年的德輔道中。左方為第一代惠康辦館，以
及位於德輔道中與砵典乍街交界的京滬飯店。

Des Voeux Road Central, 1954. Wellcome Company
and King Fu Restaurant are on the left.

◀ 位於白加士街 58 號的上海老正興菜館的
廣告，1951 年。

An advertisement of Shanghai Lao Ching
Hing Restaurant on 58 Parkes Street,
1951.

▲ 位於都爹利街的大滬飯店的開幕廣告，1946 年 12 月 19 日。

An opening advertisement of Shanghai Cock & Fullet Restaurant on Duddell Street, 19 December, 1946.

▲ 位於北角英皇道的福建嘉賓酒家的開幕廣告，1950 年 3 月 5 日。

An opening advertisement of Fukien Ka Bun Restaurant, 5 March, 1950.

▲ 位於彌敦道近柯士甸道的雪圍飯店的開業廣告，1950 年 4 月 7 日。

An opening advertisement of Suet Yuen Restaurant (Northern Provincial cuisine) on Nathan Road near Austin Road, 7 April, 1950.

▲ 位於東角道與記利佐治街交界的東興樓京菜館的開幕廣告，1954 年 5 月 26 日。

An opening advertisement of Tung Hing Lau Peking Cuisine Restaurant at the intersection of East Point Road and Great George Street, 26 May, 1954.

外江菜館雜記

1948 年，位於中環街市旁租庇利街的福建聚春園飯店，供應「八閩筵席」。同年，九龍大飯店推出有四拼盆、四熱炒、七大菜、二點心的京川滬菜筵席，每席 150 元，在戰後初期來說頗為昂貴。

1949 年，位於皇后大道中 10 號的京都大酒店，聘得「天香樓杭菜」主人孟永春烹製杭州菜及點心。

同年 9 月，巴喇沙上海飯店，推出「洋澄湖清水大閘蟹」，是較早來港的一批大閘蟹。1950 年，位於吳松街與佐敦道交界的杭州菜館天香樓，可品嚐運到的「大閘蟹王」，每斤售 5 元 8 毫。

1950 年於軒尼詩道開業的何倫會賓樓，供應平（北京）津菜，其炒粉被稱為「何倫炒粉」。「炒粉」遂演變為形容「馬失前蹄」、「出師不利」等「瘀事」的市井俗語。

同年，一家位於北角「小上海」英皇道的皇家飯店開幕。可是，「食皇家飯」等同「入獄」的代名詞，為港人之大忌。該店不久便消失。

1951 年，位於德輔道中之上海老正興飯店，供應「無錫船菜」。數年後，另一家位於啟超道的老正興亦投入服務。筆者最難忘是同街一品香上海菜館供應的小白蹄及鱔糊客飯。

同一時期，還可在尖沙咀摩地道的鹿鳴春飯店品嚐北京填鴨及「拔絲」蓮子等食品。此外，在油麻地彌敦道的北京飯店，以及駱克道的新美利堅，也可嚐到同樣風味的菜式。可惜此兩家食店同於近年結業。

▲ 位於怡和街豪華戲院大廈十一樓的豪華樓京菜館的開幕廣告，1955 年 9 月 10 日。

An opening advertisement of Hoover Lau Peking Cuisine Restaurant, on 11/F of Hoover Theatre Building, 10 September, 1955.

▶ 位於怡和街與邊寧頓街交界的豪華戲院大廈，約 1955 年。

Hoover Theatre Building at the intersection of Yee Wo Street and Pernnington Street, c. 1955.

▲ 位於彌敦道與金巴利道交界的樂宮戲院內的樂宮樓京菜館，1959 年。

Princess Peking Restaurant in Princess Theatre at the intersection of
Nathan Road and Kimberley Road, 1959.

▲ 由柯士甸道北望彌敦道，約 1960 年。左端有新樂酒樓，以及外江菜館雪園及九龍飯店。

Nathan Road, looking north from Austin Road, c. 1960. Shamrock Restaurant, and North Provincial cuisine restaurants, Suet Yuen and Kowloon, are all on the far left.

▲ 位於鑽石山大磡村的詠藜園四川擔擔麵店，約 1995 年。

Wing Lai Yuen Szechuan Noodle Restaurant in Tai Hom Village, Diamond Hill, c. 1995.

第十一章　東江菜館（客家）

一

　　廣東菜式中之客家菜，一般被稱為「東江菜」，以「抵食夾大件」見稱，十分適合五、六十年代之普羅人士。

　　最著名的是 1949 年在深水埗北河街 138 號開張的泉章居，以鹽焗雞、梅菜扣肉、牛丸、炸大腸及骨髓等為佳味。筆者六十年代中後期不時往品嚐。稍後，多區皆有分店開設，筆者造訪最多的是位於波斯富街利舞台戲院附近、原為有利酒家的一家分店。

　　另一家著名的東江菜館，為位於銅鑼灣怡和街勝斯酒店內、於 1956 年開業的醉瓊樓，一開業便聲名大噪。在全盛時期的 1970 年代中，差不多每一環頭都有分店。筆者造訪最多的是位於波斯富街與駱克道交界，以及位於莊士敦道面向柯布連道的兩家分店。另一家分店為現仍於油麻地西貢街營業。早期，其旁邊是大華戲院，因而十分旺場。同於 1950 年代，另一家位於西貢街的客家菜館是中英飯店。

　　於五、六十年代開業的客家菜館，較著名的還有位於寧波街 6 號的總統東江菜館、德輔道西 24 號的江記東江菜館等。

　　另一家較知名的菜館，是 1960 年代初在油麻地平安大廈，及灣仔謝斐道開張的梅江飯店。

▲ 由北河街南望大埔道，約 1962 年。右方為寶石酒家及榮華茶樓。左方為東江菜館泉章居飯店。

Tai Po Road, looking south from Pak Ho Street, c. 1962. Po Shek Restaurant and Wing Wah Teahouse are on the right. Chuen Cheung Kui, serving Tung Kong (Hakka) cuisine, is on the left.

▶ 位於北河街 138 號的泉章居飯店的開幕廣告，1951 年 6 月 14 日。

An opening advertisement of Chuen Cheung Kui Restaurant on 138 Pak Ho Street, 14 June, 1951.

▲ 由太原街東望莊士敦道，約 1959 年。左方為大成酒家。右方為東江菜館醉瓊樓及龍門茶樓。

Johnston Road, looking east from Tai Yuen Street, c. 1959. Tai Sing Restaurant is on the left. Tsui King Lau Hakka Restaurant and Lung Moon Teahouse are on the right.

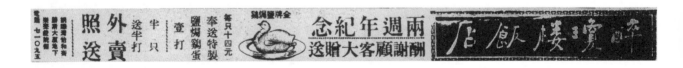

▲ 位於銅鑼灣怡和街的醉瓊樓飯店的廣告，1958 年。

An advertisement of Tsui King Lau Restaurant on Yee Wo Street, 1958.

▲ 位於利園山道的醉瓊樓飯店，1974 年。　　|　　Tsui King Lau Restaurant on Lee Garden Road, 1974.

▲ 位於石塘咀德輔道西 424 號的江記東江　　|　　An opening advertisement of Kong Kee Hakka Restaurant on
　　菜館的開幕廣告，1951 年 12 月 17 日。　　|　　Des Voeux Road West, Shek Tong Tsui, 17 December, 1951.

▲ 油麻地彌敦道，約 1960 年。右方為位於平安
大廈的梅江客家飯店。

Nathan Road, Yau Ma Tei, c. 1960. Mui Kong Hakka
Restaurant in Alhambra Building is on the right.

　　1960 年代初，一位客籍的找換商，曾向筆者述及經
營客家菜利潤豐厚，因而在通菜街開設一家粵都飯店，
生意不俗。

　　同時，鄰近啟德機場的九龍城區，亦有多家東江菜
館，較著名的是名為「富都城」的一家。

　　其實在不少非東江菜館的粵菜館中，也有如東江豆
腐煲及鹽焗雞等菜式。

第十二章

齋菜館

一

　　香港最早的齋菜館，是於 1905 年於堅道開業的小祇園。其毗鄰是位於 65 號，以椰子糖及雪糕馳名的甄沾記。小祇園於 1960 年代遷往軒尼詩道現址，改名為東方小祇園，亦曾在灣仔道開設分店。

　　1930 年代，另一家著名的齋菜館為位於荷李活道 40-42 號的衛樂園。

　　1950 年代，不少士多、粉麵製作坊均設一玻璃飾櫃，售賣齋鹵味如酸齋、齋鮑魚、鴨腎及叉燒等，當中包括位於結志街 17 號的勤記粉麵廠。同時，亦有不少推車檔販賣齋鹵味。

　　1960 年代中，位於佐敦道 38 號的齋菜館六榕仙館開業，相傳粵劇名伶何非凡為東主，該店現仍客似雲來。

由利園山道望向軒尼詩道，1974年。正中的商務印書館右鄰是七寶齋廚。

Hennessy Road, looking from Lee Garden Road, 1974. Tsat Po Vegetariarn Restaurant is next to the Commercial Press bookstore.

東方小祇園素食館的齋月餅價目表，約 2005 年。

Price list of vegetarian mooncake of Tung Fong Siu Kee Yuen Vegetarian Restaurant, c. 2005.

當時，市民喜往新界及離島各大寺廟品嚐素食齋菜。令筆者印象深刻的有青山寺、妙法寺、荃灣圓玄學院及大嶼山的靈隱寺及羅漢寺等。最難忘是屯門清涼苑的釀鯪魚，賣相與味道均絕佳。

另一家著名的齋菜館，為位於彌敦道（現金都商場所在）的蘭香齋素食館，筆者曾往品嚐其美味的齋雲吞和水餃。

1970-1980 年代，著名的齋菜館有位於駱克道的菩提素食，以及銅鑼灣樂聲大廈的功德林，兩者皆曾開設多家分店。

第十三章　海鮮舫

一

　　戰前，已有海鮮艇在香港仔經營，但市區人士因交通阻隔，往光顧者不多。當年亦有較大型的海上禮堂，供漁民及水上艇戶喜慶宴聚。

　　和平後，海鮮艇或海鮮舫逐漸蓬勃發展。約 1950年，較著名的海鮮舫是「漁利泰」。在戰後百廢復興時期，乘 7 號巴士往郊區香港仔漁舫「食海鮮」，被視作一豪舉。

　　1950 年代中，有兩艘燈飾輝煌的豪華型「太白」及「海角皇宮」海鮮舫，停泊於鴨脷洲旁，面向黃埔船塢（現香港仔中心屋苑所在）。同時，荷李活電影也曾在海鮮舫上取景拍攝，當電影在全世界上映後，華麗的海鮮舫連同美食，包括接駁的小艇及搖櫓的艇娘，旋即成為吸引外籍遊客的賣點。

▲ 約 1948 年的香港仔。可見五艘海鮮舫，左方的一艘為「漁利泰」。背後為鴨脷洲。前方有幾艘駁艇。

Aberdeen, c. 1948. Five floating restaurants are in front of Ap Lei Chau. Several transportation ferries are at the front.

▲ 漁利泰海鮮舫，1958 年。　　|　　Yue Lee Tai Floating Restaurant, 1958.

▲　香港仔太白海鮮舫，約 1955 年。　　　Tai Pak Floating Restaurant at Aberdeen Bay, c. 1955.

▲ 太白海鮮舫的內部，1955 年。

Inside Tai Pak Floating Restaurant, 1955.

◀ 太白海鮮舫上的遊客，約 1965 年。

Tourists on Tai Pak Floating Restaurant,
c. 1965.

◀ 1975 年的香港仔。正中可見太白海鮮舫（右）及海角皇宮。左上方的黃埔船塢正改建為香港仔中心屋苑。

Aberdeen, 1975. Floating restaurants Tai Pak (right) and Sea Place are at the centre. Whampoa Dockyard (on upper left) is being rebuilt into a residential estate, Aberdeen Centre.

▲ 位於香港仔的一艘漁民食舫，約 1974 年。

A fisherman floating restaurant at Aberdeen, c. 1974.

及至 1970 年代中，香港仔增加了一艘更大型及豪華的珍寶海鮮舫。約 1977 年，珍寶海鮮舫停泊於湖南街旁，不需駁艇。稍後，所有海鮮舫全遷往深灣。

1960 年代初，屯門十九咪容龍別墅對開的青山灣，亦有一艘太白海鮮舫。同時，沙田墟（現新城市廣場及大會堂一帶）對開的海面，亦有一艘沙田畫舫，兩者皆吸引大批郊遊客，直到 1970 年代中才消失。

▲ 香港仔，約 1977 年。左方為位於湖南街旁的珍寶海鮮舫。

Aberdeen, c. 1977. Jumbo Floating Restaurant, besides Wu Nam Street, is on the left.

▲ 位於青山灣的太白海鮮舫，約 1960 年。 | Tai Pak Floating Restaurant at Castle Peak Bay, c. 1960.

▼ 太白海鮮舫的入口，約 1960 年。 | The entrance of Tai Pak Floating Restaurant, c. 1960.

▲ 位於沙田墟的沙田畫舫，約 1970 年。

Sha Tin Floating Restaurant in Sha Tin Hui, c. 1970.

▼ 約 1973 年的沙田。前方為位於沙田墟的沙田畫舫。

Sha Tin, c. 1973. Sha Tin Floating Restaurant in Sha Tin Hui is at the front.

▲ 由退役天星小輪變身而成的餐飲遊覽船「惠風 公主號」，1970 年。

Weatherite Princess, a sightseeing cruiser with canteen, modified from a retired Star Ferry, c. 1970.

▲ 由汽車渡海小輪改裝而成的海上酒家夜
總會「香港明珠號」，1992 年。

Hong Kong Pearl, a floating restaurant
and night club, modified from a
vehicular ferry, 1992.

◀ 遊覽船「惠風皇子號」，約 1970 年。

Sightseeing cruise *Weatherite Prince*,
c. 1970.

第十四章　避風塘飲食艇

一

當局於 1947 年開始發出「船上小販」及「小艇小販」牌照,持牌艇販的活動範圍是銅鑼灣及油麻地避風塘。

香港的第一座避風塘於 1883 年在港島建成。而油麻地避風塘則於 1915 年落成。港九的避風塘皆有提供遊艇河乘涼及飲食的服務。

港島的第一座避風塘,於 1951 年被填為陸地以闢建維多利亞公園,當局同時在維多利亞公園對開,由吉列島至永興街之間的海段闢建新避風塘,於 1954 年落成。以下簡介新港島避風塘的情況。

五十年代,避風塘內共有各類船艇 2,000 多艘,大部分主要操作者為蜑婦(艇娘),業務為接載來往碇泊於海中心浮泡之「拋海」大洋船之乘客及船員。

另有 500 多艘為遊河艇,有人在艇上唱曲以娛遊河客,亦可花錢點唱。五十年代僱小艇遊河,每小時收費由 1 元起。

最吸引是飲食艇,其上出售艇仔粥、炒蜆、東風螺、雲吞麵,還有汽水、雪糕、西餅、生果以至煙仔等。直到 1990 年,銅鑼灣避風塘兩艘著名的飲食艇是漢記及興記。

▲ 泊於銅鑼灣避風塘的住家艇和炒賣艇，約
  1970 年。

Sampans and catering boats at Causeway
Bay Typhoon Shelter, c. 1970.

▲ 怡東酒店（已拆卸）及銅鑼灣避風塘，約 1973 年。左下方可見興記炒賣艇。

Excelsior Hotel (demolished) and Causeway Bay Typhoon Shelter,
c. 1973. Hing Kee catering boats are on the lower left.

▲ 約 1968 年的油麻地避風塘。可見遊河艇及炒賣艇。左中部為位於山東街的旺角碼頭。

Sightseeing and catering boats at Yau Ma Tei Typhoon Shelter, c. 1968. Mong Kok Pier on Shangtung Street is on the middle left.

在炎熱的夏夜，舉家或與友儕乘小艇在避風塘遊河乘涼，放乎中流，一邊聽曲、一邊進食，的確十分寫意。

不過，衛生環境惡劣為避風塘的隱患，導致當局於 1995 年全面取締飲食艇。部分業者改在陸上店舖繼續經營，以避風塘炒蟹等作標榜。傳頌近 50 年的避風塘風情亦劃上句號。

同時，落成於 1915 年的油麻地舊避風塘，亦因開闢「西九」地段及興建赤鱲角新機場幹線而消失。

2008 年，筆者曾在香港仔海傍道的街渡碼頭一帶，品嚐過兩碗味道不俗的「艇粉」。該種在兩艘小艇上製作的燒味艇粉，用鮮魚熬湯作湯底，十分可口，一試難忘。

大牌檔

第十五章

一

　　香港 1841 年開埠後，「廣州市場」（落成於 1841 年）以及其下方之中環街市（落成於 1842 年）一帶，華人聚居之「上市場」的地段（現時的士丹利街、威靈頓街一帶），已有各種包括攤檔擺賣，其中也有熟食的攤檔。這些攤檔稍後延伸至城隍街、荷李活道及太平山街等的「太平山區」。該區的街市街（普慶坊），亦有一個太平山街市。

　　港島東區的熟食攤檔，則集中於灣仔街市（現時尚翹峰及新街市所在）附近的灣仔道及交加街。其中亦有店舖出售粥粉麵飯和食品等。

　　此外，亦有不少流動食檔於賽馬日設於馬場外圍。

　　熟食攤檔亦遍佈中上環的各橫街窄巷，如中環的吉士笠街、機利文街、原為「廣源市集」的廣源東街及廣源西街等。著名的鏞記酒家便是於 1942 年由廣源西街一個牌檔開始發跡。

　　這些小街巷隱藏於通衢大道之間，不易被發覺，但身處其中便體驗到「別有洞天，百味紛陳」的感覺。當中，以潮汕美食舖檔林立、位於上環的潮州巷（香馨里）的感覺最為強烈。

▼ 位於灣仔道（前）及灣仔峽道（皇后大道東）（正中）之間的食檔，約 1890 年。左邊的紀念碑於 1960 年代移往香港墳場。

Food stalls at the junction of Wan Chai Road (front) and Wan Chai Gap Road (Queen's Road East, centre), c. 1890. The monument on the left was relocated to the Hong Kong Cemetery in the 1960's.

▲ 位於醫院山旁灣仔道的食檔，約 1900 年。　|　Food stalls on Wan Chai Road next to Hospital Hill, c. 1900.

▲ 早期的街頭食攤，約 1910 年。　｜　Food stands in early times, c. 1910.

246　Yau Ma-ti Market, Hongkong.

二十世紀初，九龍油麻地區以至九龍城區亦有不少
熟食攤檔，亦有若干以雲吞麵為主的流動檔口，位於宋
王臺所在之聖山山腳。

1927 年 5 月，當局要求「大牌面擺檔」的小販食檔
必須裝置由牌照部規定，可伸移的「天帳」（帳篷），否則
會被吊銷牌照。

1935 年 2 月，當局再將小販牌照分為「大牌」及「小
牌」兩種，在路邊用木架車擺賣者，需領「大牌」。

1937 年，有提議指出，皇仁書院（現時元創坊所在）
背後士丹頓街的熟食、蔬菜及肉類攤檔，影響學生上課，
要求將書院遷往市郊。

1941 年，市政衛生局發出專營熟食的小販牌照。

▲ 位於油麻地街市（右）旁，炮台街
上的食攤和販檔，約 1918 年。

Stalls and food stands on
Battery Street, next to Yau Ma
Tei Market (right), c. 1918.

▲ 由第三街向下望滿佈附帳篷的攤檔及
食檔的正街，約 1925 年。

Stalls and food stands with tents on
Centre Street, looking down from
Third Street, c. 1925.

▶ 食攤及食客，約 1920 年。

Food stand and customers, c. 1920.

▲ 由干諾道西向南望正街的眾食檔，
約 1925 年。

Food stalls on Centre Street,
looking south from Connaught
Road West, c. 1925.

◄ 設有帳篷的食檔，約 1930 年。

Food stalls with tents, c. 1930.

▶ 油麻地區的食檔，約 1930 年。

Food stalls in Yau Ma Tei, c. 1930.

▲ 跑馬地馬場前的食檔，約 1930 年。 | Food stalls in front of the racecourse, Happy Valley, c. 1930.

1946 年，政府批准多個地段，供新舊熟食包括大牌檔的小販擺賣。

1947 年，政府再將包括熟食在內的小販牌照分為五類，計為攤位小販（大牌檔亦屬此類）、流動小販、報販、船上小販及小艇小販（後兩者都是在避風塘經營，包括「炒賣艇」）。同年，當局正式劃分「大牌檔」及「細牌檔」的經營地點和數目。

大牌檔是以販賣熟食為主。1947 年數目大增，由於戰後經濟困難，大牌檔可向市民提供廉價膳食，同時亦可增加就業機會。部分牌照是發予在淪陷期間犧牲的紀律部隊人員的遺屬，以作恩恤。

大牌檔亦須依照 1935 年「用木架車擺賣」的規定，故大牌檔四周裝有鐵輪，檔前設有一長條橙，上附三張小橙。坐在小橙上進食被稱為「踎大牌檔」。檔旁另設兩張摺枱及八張摺橙，是大牌檔的標準格式。

附有持牌人照片的牌照要懸掛於當眼處，因其尺寸較其他小販牌照大而得名。雖然此類檔位處於多條街道上、又有多座並排而立，而有「大排檔」之稱，但正確名稱應為「大牌檔」。

1955 年，大牌檔數目約近 2,000，東主連同僱員共萬多人。部分大牌檔佔去三分之一的街道面積，不時被投訴阻街。港府曾准許開設若干家經濟飯店，謀作取代，不過卻最先消失。

▲ 中環榮華里（前）及蘭桂坊（中）的大牌檔，約 1953 年。橫亘的是德己立街。

Dai Pai Dong (food stalls) on Wing Wah Lane (front) and Lan Kwai Fong (centre), c. 1953.

▲ 由灣仔交加街北望太原街的大牌檔，約
1953 年。

Dai Pai Dong (food stalls) on Tai Yuen
Street, looking north from Cross Street,
Wan Chai, c. 1953.

◀ 灣仔區的大牌檔和食客，約 1958 年。

Dai Pai Dong (food stalls) and
customers in Wan Chai, c. 1958.

以下為 1960 年前後，港九大牌檔的分佈地點：

地址	牌檔情況
中西區	
半山士丹頓街	由鴨巴甸街至城隍街的一段，約有十二三檔，其中以中和里前的兩檔糖水（一檔為玉葉甜品的前身），以及牛記茶室前的兩檔粥品較為名
依利近街	上一段接近些利街處，有兩檔售賣油炸鬼、白粥者。而近荷李活道的下一段，則有四檔，分別為粥品、西茶、油器糕點（現為玉葉甜品），以及黃輝昌薄餅（包填鴨件者），後來為第三代文園麵家
卑利街	有一潮州食品「打冷」檔，約 1980 年改為大伯公廟
荷李活道	共有三檔，一檔位於文武廟對面，由一位婆婆主理的白粥油器檔。另一檔為位於與東街交界的吳源記粥麵檔，於 1970 年代初在對面開設一酒家。另一檔為城隍街交界之雲吞麵檔
樓梯街	文武廟斜對面共有兩檔，一檔經營潮州魚蛋牛雜粉麵，另一檔為佳記雲吞麵，後來改名為文園
鴨巴甸街	共有三檔，接近荷李活道的一檔是第二代文園麵家，其對面是煥記粥品（旁為文興里），另一檔面向結志街的專賣生煎包餅
結志街	共有五檔，街頭是現仍營業的蘭芳園，以「絲襪奶茶」馳名；吉士笠街旁是魚蛋粉檔景記，隔鄰是白粥油器檔。另有兩座魚蛋粉檔位於卑利街西端
歌賦街	位於美輪街交界有兩檔西式飲食品檔，其中一檔是現仍營業的勝香園。第三檔是以清湯牛腩馳名的九記。背向九如坊的是一粥品腸粉檔
九如坊	有三四檔，位於舊「分局」診所（所在現為蘭桂坊酒店）對面，皆為炒賣與煲仔菜者，其中一檔是馳名的林記
士丹利街／吉士笠街	共有粉麵、粥等不同中西食品，包括燒味檔陳泗記、炒賣檔盛記及魚蛋牛雜檔水記，現仍營業。還有白粥腸粉檔威記（後來遷入舖）及其隔鄰的咖啡檔等
鐵行里與興隆街交界	約有五六檔，有咖啡奶茶、燒味飯，以近皇后大道中的楚記最為著名。靠近德輔道中魚蛋粉檔的出品亦甚佳
機利文街	各式中西食品、粥粉麵飯約有十檔，而以近皇后大道中的奀記雲吞麵最享譽。現時不少名牌雲吞麵店皆發源於此
機利文新街	咖啡、奶茶及潮州粉麵約有六檔，其中一檔生滾粥頗有水準
廣源西街 （現時中遠大廈所在）	共有兩檔，一檔為銳記雲吞麵。鏞記於 1942 年開業時，亦為此街之大牌檔
禧利街	由文咸東街至永樂東街的一段，共有五六檔，主要為妙賣、粉麵及咖啡多士。午飯及晚市時，繁忙車路的東面坐滿食客
急庇利街	由皇后大道中至蘇杭街的一段，共有七八檔，有糖水、潮州粉麵、燒味、咖啡奶茶等。知名的有棟記粥品及其旁邊的五香牛腩，還有一家龍記白粥油器
	由文咸東街至永樂東街的另一段，亦有約七檔，亦有一檔美味牛腩。最著名的是江九記燒味和友義興炒賣
畢街	由孖沙街至急庇利街之間，約有七檔，在金銀業貿易場的對面，有小欖公炒賣、孖沙茶餐、何生記粥品、有記及益記魚蛋、李錫開的各式燉品，以及以中豬及乳豬馳名的廣源興燒味飯檔
摩羅下街	介乎東街與水坑口街交界、富隆茶廳背後，有潮州魚蛋粉麵及白粥油器檔，共五六檔

地址	牌檔情況
中西區	
太平山街／普仁街	共有三四檔，是魚蛋粉麵、白粥油器和糕品，方便往東華醫院輪候門診的市民
修打蘭街	較多人熟悉的是接近皇后大道西的「靠牆」糖水檔。德輔道西與干諾道西之間的一段，也有五六檔炒賣、魚蛋和魚餃檔，水準皆不低
水街	接近皇后大道西的一段，全盛時期約有十檔，以潮州粉麵及「打冷」檔較多。除街坊外，不少食客為香港大學的師生及職員，十分熱鬧
灣仔區	
盧押道／柯布連道	介乎軒尼詩道與告士打道之間，各約有七八檔，包羅不同種類食品。盧押道靠近現熙華大廈的炒賣檔，供應中西食品，吸引不少外籍人士光顧
大王東街／太原街／太和街／巴路士街	各有一至三四檔，為人所知的有和昌大押旁的大王白粥油器、太和街的「打冷」檔、巴路士街的牛腩和炒賣檔，以及「三不賣」葛菜水檔等
譚臣道	東方戲院旁有四五檔售賣不同食品的食檔，以好彩魚蛋最馳名
史劍域道／馬師道	各有約三檔。榮華酒樓對面的是魚蛋粉及糖水檔。而馬師道同德大押旁全為潮州「打冷」檔，不時發生車輛在食客身邊擦身而過的驚險情景。其對面的渣嗱糖水和糯米飯街檔，現已「入舖」營業
天樂里以東的灣仔道、寶靈頓道及陳東里一帶	共有約六七檔，包括炒賣、燒味及粉麵飯等，十分旺場。七十年代，大部分遷入同區的市政大廈內經營。現時，筆者仍常往購買清真惠記的掛爐鴨及柚皮等
東區	
北角糖水道與渣華道交界	有五六檔，因附近有多座住宅大廈，為晚飯及宵夜的熱點，以炒賣及中菜為多。有若干檔亦於 1970 年代遷入渣華道市政大廈內經營
九龍油尖旺區	
尖沙咀廣東道	位於水警總部（即現 1881 Heritage）山腳，約有十多檔食檔，有中有西，亦有咖啡、奶茶、多士。筆者印象深刻的一檔是德發牛肉丸。約 1977 年，部分大牌檔遷往海防道臨時熟食市場繼續經營，直到現在，該市場已「臨時」了四十多年
油麻地佐敦道	英皇佐治五世公園的公廁旁有四五檔，以白粥油條、潮州粉麵為主，約於 1970 年消失
吳松街	佐敦道兩旁，共有五六檔，幾全為潮州粉麵檔，包括潮全盛及潮連盛，有手打及機打牛丸
廟街	由甘肅街至佐敦道，以及眾坊街至文明里的另一段大牌檔及各式食檔麇集，食品五花八門，為九龍知名食街
白加士街與北海街交界	有若干座大牌檔和食檔，部分現仍經營
旺角弼街	接近花園街的一段，有三四檔，以炒賣及咖啡、奶茶為多，這一帶有四間戲院，人流不絕
深水埗區	
楓樹街／石硤尾街／南昌街／大南街／北河街／桂林街	不同街道各有三至五六個大牌檔，供應炒賣、粥品油條及腸粉、魚蛋粉麵以至糖水，應有盡有。若干位於大南街與南昌街一帶的食檔現仍營業
長沙灣區	
保安道、順寧道、營盤街以至興華街一帶	五十至七十年代各有幾個大牌檔，種類繁多，以方便附近李鄭屋邨及蘇屋邨一帶的居民。現時有部分仍在原址經營

大牌檔點滴

五、六十年代，在中環半山及荷李活道一帶，有大量公私立學校，學生們多在這裏的大牌檔吃早午餐。白粥、油條、鬆糕、四條腸粉皆售 5 仙；豬紅或艇仔粥售 1 毫；細碗粉麵售 3 毫；亦有售 4 至 5 毫的燒味飯，所以，5、6 毫子便可解決早午餐的問題。

於結志街上，有以「絲襪奶茶」聞名的蘭芳園和以魚蛋粉馳名的景記。附近歌賦街的九記牛腩則最為擠擁，座無虛席，即使自備盛器往購買，也要輪候半小時才如願。早期，由九叔夫婦主理，腩河或麵售 5 毫、腩伊麵售 7 毫，可要求免費加湯一勺。

於士丹利街「為食街」的大牌檔，連同此街的食店奕群英及蛇王芬，是中環上班一族的「飯堂」，不時會見到地產界大老闆的蹤影。現時仍營業的水記，前身為鹵味檔，五十年代 3 毫一碗的鹵味飯，可供二人飽肚。

機利文街的夭記雲吞麵，份量雖「夭」但味道「正」，1970 年「細蓉」售 5 毫。筆者曾於早茶後的 11 時，不能「忍口」而連盡三碗，視為「豪舉」。

九如坊上包括林記的幾檔大牌檔出售的海鮮，有蒜子油錐及薑葱焗鯉等，不少教車師傅於收工後在此聚首，淺斟低酌，其樂無窮，地下多留有大量啤酒樽。

▲ 由現榮華酒樓所在望向史釗域道的大牌檔，約 1955 年。
右方為位於軒尼詩道的灣仔茶樓。

Food stalls on Stewart Road, looking from the present
Wing Wah Restaurant, c. 1955. Wan Chai Teahouse on
Hennessy Road is on the right.

急庇利街的多個大牌檔，各式食品紛陳，凌晨一、二時仍客似雲來。當中不少為剛「埋頭」（泊岸）之港澳輪渡如「德星」、「大來」及「佛山」號的船員和搭客。

至於干諾道中港澳碼頭旁的「新填地」（被名為「平民夜總會」，現時信德中心所在）上，有多檔熟食攤檔，除粥粉麵飯以外，還有炒田螺及東風螺、炒蜆等。最著名的一檔是沙記，其工場是中央戲院旁的原合記（浮生六記之一）的舖位。在「新填地」上亦可品嚐到風味不俗的牛丸麵、羊腩煲、牛雜和豬雜粥等。

在德輔道西至干諾道西現蓮香居對出的一段皇后街，於七、八十年代，為馳名的「火鍋食街」，有多個潮州打邊爐檔，每到夜晚均客似雲來，附近則泊了多輛私家車。

位於北角糖水道的大牌檔，在五十至七十年代，因位處「小上海」區域，入夜人流不絕，不少為遠道而來者。後來，不少名檔（如東寶等）遷入渣華道市政大樓經營，同樣盛況依然。

▶ 位於灣仔柯布連道近駱克道的大牌檔，約 1970 年。

Food stalls on O'Brien Road near Lockhart Road, c. 1970.

▶ 位於灣仔盧押道近駱克道（右）的大牌檔，約 1985 年。

Dai Pai Dong (food stalls) on Luard Road near Lockhart Road (right), Wan Chai, c. 1985.

▲ 位於干諾道中西港城前的食檔（右），約 1985 年。

Food stalls on Des Voeux Road Central, in front of
Western Market, c. 1985.

▲ 位於西營盤修打蘭街近干諾道西（右）的大牌檔，1985 年。
（圖片由陳創楚先生提供）

Food stalls on Sutherland Street near Connaught Road
West (right), 1985.

九龍方面，在尖沙咀水警總部山腳廣東道的大牌檔區，因對面為九龍倉的出入口（現為海洋中心），附近為尖沙咀火車總站及遊客區，整天皆十分旺場，其中不乏九龍倉職工及遊客前往光顧。

油麻地區的大牌檔，集中於佐治五世公園旁的佐敦道、新填地街、吳松街、廟街、庇利金街及白加士街一帶，出售潮州「打冷」食品、牛丸、蠔餅、牛雜及令人難忘的煎魚餅。此外，還有海鮮粥品及各式糖水，以鵝記渣咩印象較深刻。

長久以來，天后廟兩旁的廟南街及廟北街，以及部分砵蘭街，都是多彩多味的食街，與上環新填地的飲食天地互相輝映。筆者曾與海外來客往港九兩地的食檔品嚐，他們認為田螺、東風螺及炒蜆等避風塘食品較為特別。

在筆者印象中，深水埗由南昌街至桂林街一帶的大牌檔，以街市旁信興酒樓對面的幾檔較為旺場。記得於 1950 年代，筆者曾在這一帶嚐到黃糖的腸粉。此外，筆者亦曾與朋友在石硤尾邨外圍的耀東街，以及李鄭屋邨旁的保安道的街邊炒賣檔大吃大喝。

▲ 位於油麻地吳松街近西貢街的大牌檔，約 1968 年。

Food stalls on Woosung Street near Saigon Street, c. 1968.

▲ 位於油麻地廟街的東風螺食檔，
約 1968 年。

Babylon shell stall on Temple
Street, Yau Ma Tei, c. 1968.

▲ 位於油麻地廟街的燒味檔，
約 1968 年。

Roasted meat stall on Temple
Street, Yau Ma Tei, c. 1968.

由閣麟街向西望位於中環士丹利街的大牌檔，2000 年。

Dai Pai Dong (food stalls) on Stanley Street, looking west from Cochrane Street, 2000.

1970 年代初，筆者曾考駕駛的士牌照，為加深對街道的認識，在港九多條街道步行視察，亦與「同學」乘機品嚐不同大牌檔之風味。

時至今日，大牌檔由全盛時期的約 2,000 檔，到現時只餘下 20 多檔。這二十多檔大牌檔，可視為香港街頭飲食文化的歷史文物。

一些曾在大牌檔售賣的食品頗為特別，如近十種不同類型的煎堆、油炸鬼及蟹、煎餅、潮州冷糕、豬肺湯、羊雜湯和粥、糯米釀豬腸、甜腸粉、白果清心丸鴨蛋糖水、杏仁茶、糖不甩及花生糊等，大部分現時已絕跡，或已「登大雅之堂」，在酒樓食肆出售。

仍令筆者難以忘記的，是畢街的「3 毫子」綠豆沙，及對面的「雞聯」小欖公炒賣檔，蕭姓的老闆，兩夫婦皆為樂善好施的善長。旁邊有一檔何生記粥檔，及第粥在 1960 年代每碗 7 毫。稍後，何生記搬入檔後的店舖繼續經營。1980 年代，曾品嚐名為「骨及」的魚骨及第粥配以薑蔥生魷魚片，滾粥的是一位景叔。後來，景叔自立門戶，創設了一名牌粥店。

部分大牌檔雲集的街道，如鴨巴甸街、禧利街、譚臣道、馬師道、糖水道、廣東道、弼街、南昌街以至保安道等，已轉變為車水馬龍的交通要道。大牌檔林立、食客林立的食街風光，已成明日黃花，往「食」只能回味！

▲ 位於依利近街的大牌檔——民園麵家及玉葉甜品，2005 年。

Man Yuen noodle stall and Yuk Yip sweet soup stand on Elgin Street, 2005.

▲ 位於士他花利街的波記炒賣大牌檔，2005 年。左方為皇后大道中。

Bor Kee catering stall on Staveley Street, 2005. Queen's Road Central is on the left.

第十六章　西餐館、冰室與茶餐廳

一

最早且具規模的西式飲食場所，應為在落成於 1846 年，位於皇后大道中 34 號，第一代的香港會所內開設的餐廳，所在現為娛樂行。香港會所於 1897 年遷往現時昃臣道的所在。

稍後，多家西餐館（或名為「大菜館」）附設於中上環包括香港大酒店、域多厘酒店、英皇酒店、花旗酒店、萬順酒店，以及位於華人聚居區域的東京酒店、鹿角酒店等多家酒店內。位於皇后大道中 148 號的鹿角酒店，不時在報章刊登食單，招徠華人光顧。

▲ 由郵政局（現華人行）望向雲咸街，1846 年 11 月 29 日。右方為同年落成、
內設餐廳的第一代香港會所。所在現為位於皇后大道中 34 號的娛樂行。左
方及上方為畢打山。

Wyndham Street, looking from Post Office (present China Building), 29
November, 1846. The first generation Hong Kong Club, completed in the
same year with a restaurant, is on the right. Pedder Hill is on the left and
upper area.

▲ 位於皇后大道中的餐廳區，1869 年英國愛丁堡公爵訪港為大會堂行開幕禮期間。正中為香港會所，所在現為娛樂行。

Eatery area on Queen's Road Central, during the visit of Duke Edinburgh of England to Hong Kong for the opening ceremony of City Hall, 1869. Hong Kong Club, where Entertainment Building situated nowadays, is at the centre.

▲ 由閣麟街西望位於麟核士街（擺花街）的西
洋娼妓及食肆區，1869 年英國愛丁堡公爵
訪港期間。

Western brothel and eatery area on Lyndhurst Terrace,
looking west from Cochrane Street, during the visit of
Duke Edinburgh of England to Hong Kong, 1869.

▲ 位於畢打街（左）與皇后大道中交界的第一代香港大酒店，
　1870 年代。

The first generation Hong Kong Hotel at the intersection
of Pedder Street (left) and Queen's Road Central, in the
1870's.

▲ 由海旁中（德輔道中）望向畢打街，1870 年代。左方為香港
大酒店。鐘塔周圍有若干家西式食肆。

Pedder Street, looking from Des Voeux Road Central. Hong
Kong Hotel is on the left. Various Western eateries are
situated on the surroundings of the clock tower, 1870's.

▲ 於 1890 年代初重建的香港大酒店，約 1900 年。

New Hong Kong Hotel, rebuilt in the early 1890's, c. 1900.

　　二十世紀初，多家西餐館、西餐廳或西菜館在港九各區開設，包括位於德輔道中的杏花、來安、安樂園、亞力山打、怡園、威路臣；皇后大道中的惠來、森永、美利權等。最著名的是初期位於皇后大道中 34 號，至 1920 年代遷往德輔道中 14 號的威士文（聰明人）餐廳，還有位於 98 號的馬玉山餐室。

　　其他的西菜館，還有位於雪廠街與水坑口街的中孚、威靈頓街的文園及華美、嘉咸街的馨閣、皇后大道西的兼味棧、文咸街的群英閣等。還有一家位於擺花街的杏讌樓西菜館，孫中山先生不時在此會晤革命同志。而附近的閣麟街還有一家萬家春。

　　此外，亦有若干家西餐館於石塘咀的風月區開設，包括會樂樓、英美，以及群英閣的分店等。

　　部分西餐館亦在包括愉園、名園及太白樓等遊樂場內開設分店，供應西式飲食。

　　至於九龍的西餐館，則有位於尖沙咀依利近道（海防道）的燕香館，以及旺角的倚芳西菜館及華芳西菜館等。

　　設有飲冰室的有森永，以及分店眾多的安樂園及美利權。安樂園於 1922 年設有「機製冷風」（冷氣），是香港始創者。

　　1920-1930 年代，多家酒店包括半島酒店、淺水灣酒店、告羅士打酒店、京都酒店、思豪酒店及六國飯店等的餐室、餐廳都甚為著名。另一著名的餐室是 1928 年遷往華人行的占美餐室。

◀ 位於德輔道中 105 號的威路臣西菜館的廣告，1909 年。

An advertisement of Wilson Restaurant on 105 Des Voeux Road Central, 1909.

▲ 位於中環嘉咸街 7 號的馨閣西菜館的開業廣告，1909 年 3 月 6 日。

An opening advertisement of Hing Kok Restaurant on 7 Graham Street, Central, 6 March, 1909.

▲ 位於德輔道中 28 號的來安西菜館的廣告，1911 年。

An advertisement of Loi On Restaurant on 28 Des Voeux Road, Central, 1911.

252

Des Voeux Road, Hongkong.

▲ 由戲院里西望德輔道中，約 1915 年。左方的來安西菜館已變為域多
利西菜館。右中部為安樂園餐室。

Des Voeux Road Central, looking west from Theatre Lane, c. 1915.
Loi On Restaurant on the left has changed into Victoria Restaurant.
On Lok Yuen Restaurant is on the middle right.

Praya East

由雪廠街西望德輔道中，1926 年。右方為英皇酒店。左方即將落成的電話大廈內開設了威士文餐室。

Des Voeux Road Central, looking west from Ice House Street, 1926. King Edward Hotel is on the right. Cafe Wiseman is located in the nearly-completed Telephone House (left).

位於德輔道中 27 號的安樂園餐室的廣告，1913 年。

An advertisement of On Lok Yuen Restaurant on 27 Des Voeux Road, Central, 1913.

▲ 1955 年的德輔道中。右下方是安樂園餐室。

Des Voeux Road Central, 1955. On Lok Yuen
Restaurant is on the lower right.

　　1930 年代的著名西餐館和西餐廳，還有位於皇后大道中的東天紅、大利及中央戲院內的餐廳；德輔道中的京滬、馬來亞、龍記、陶然、蘭香室及東園，以及干諾道中的華人。

　　九龍區的著名西餐館和西餐廳，則有位於彌敦道的加拿大、新加坡、新世界、永生園及五洲，還有設於彌敦及新新酒店內的餐廳。

　　淪陷初期，大部分西餐館仍然營業，後來則因食材短缺、當局徵重稅而紛紛停業。

　　和平後，大部分西餐館、餐廳和餐室陸續復業，同時亦有新餐館開設，包括以「豉油西餐」馳譽的太平館，其出品有燒白鴿、煙鯧魚、焗龍蝦及禾花雀。

　　此外，還有位於皇后大道中的艾菲、金門及奇香村餐室；德輔道中的大中華、新國民、英華、威靈頓及天華；干諾道中的惠安及虽二；威靈頓街的嘗新，以及灣仔區的美施、茗園、勳寧；銅鑼灣的金雀；北角區的英園、皇后、美華及夏蓮等。後來，虽二及嘗新稍後皆轉為中菜館，虽二改名中記。

　　九龍區的西餐廳，則有位於彌敦道的愛皮西（ABC）、百樂門、南風、茶香室及銀宮；上海街的新廣南；廟街的美都。較引人注目的，是於 1955 年開業之瓊華酒樓的西餐廳。此外，還有俄國餐廳車厘哥夫飯店及雄雞飯店。

　　位於新界的西餐廳，主要是設於青山酒店、容龍別墅及沙田酒店內者。還有位於沙田墟內的士巴餐廳及牛奶公司酒吧等。

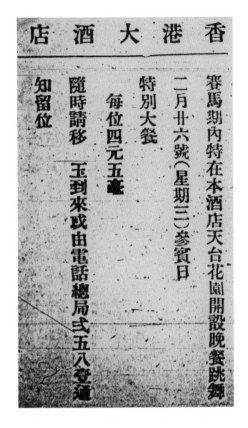

威士文餐室的廣告，1941 年。

An advertisement of Cafe Wiseman, 1941.

香港大酒店有關特別大餐的廣告，1930 年。

An advertisement about a special dinner of Hong Kong Hotel, 1930.

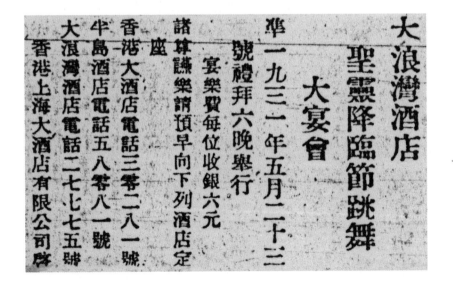

大浪灣（淺水灣）酒店有關跳舞宴會的廣告，1931 年。

An advertisement about a dancing banquet in Big Wave Bay (Repulse Bay) Hotel, 1931.

▲ 約 1935 年的皇后大道中。左方為華人行內的占美廚房。右方娛樂戲院內有
一家溫莎餐室。

Queen's Road Central, c. 1935. Jimmy's Kitchen in China Building is on
the left. Windsor Restaurant in King's Theatre is on the right.

▲ 由都爹利街西望皇后大道中，1941 年 12 月 27 日。左方為京都酒店。右方為勝斯酒店。這
一帶有多家餐廳和咖啡室。

Queen's Road Central, looking west from Duddell Street, 27 December 1941. Metropole
Hotel is on the left. St. Francis Hotel is on the right. There are several famous restaurants
and cafes in this area.

今日好消息是一

香港喫啡室今晨十一時開幕

喫啡香濃　裝置華麗
冷熱飲品　式式俱備
「香港之夜」飲品之王
平民價格　志在服務

灣仔譚臣道七十二號　電話二〇八六一

香港喫啡王　香港三毫

人人都可以享受

▲ 位於灣仔譚臣道 72 號的香港咖啡室的開幕廣告，1951 年 2 月 5 日。

An opening advertisement of Hong Kong Cafe on 72 Thomson Road, Wan Chai, 5 February, 1951.

1950 年代初，社會開始興旺，眾多精英階層的醫生、律師及會計師，以至老闆、經理等，喜在威士文餐廳、占美廚房、美利權餐廳，以及位於皇后大道中與畢打街交界的香港大酒店（現中建大廈）內的「鱷魚潭茶座」，享用下午茶及餐飲美食。1956 年，著名的威士文餐廳轉變為美心餐廳。

同一時期，有多家冰室、飲冰室、咖啡室等在港九各區開設，為普羅大眾服務。中上環區有被稱為「蛇竇」的樂香園、雷霞、新元、大眾、荷李活、新文明、耀光、士丹頓、大同福、鴻記、華樂、萬棧、啟興、葉林記、譚燦記、妹記及海安等。其中位於東街的華樂及干諾道西的海安現仍營業。而位於蘇杭街的葉林記冰室，於秋冬時兼營蛇宴，十分旺場。筆者至今仍未忘懷位於士丹頓街的士丹頓冰室出品的蓮子冰。

港島東區則有廣來、傑記、錦園及祥興等，當中一家位於怡和街豪華戲院樓下的茶餐廳，與中環的蘭香室，相信是香港最早的茶餐廳。

九龍區則有彌敦、虹虹、新合記、品園、荔園、西子及白宮等，部分為茶餐廳。

餐館、餐廳及餐室供應全餐和散餐，部分時間亦供應豬扒飯及海南雞飯等。同時亦有專門供應南洋或海南食品者，如華人及南亞等餐室。

1950 年代，每逢聖誕節，餐廳、餐室多大事裝飾，推銷聖誕大餐，一客大餐的價格由 5 元至 10 多元，包括主菜、配菜、飲料等十多二十款，巧立名目作招徠。

▲ 由德忌利士街西望德輔道中，約 1953 年。右方的工商日報旁有馬來亞餐室、天華餐室及東園餐室。

Des Voeux Road Central, looking west from Donglas Street, c. 1953. Malaya Restaurant, Tin Wah Restaurant and Tung Yuen Restaurants are next to the Kung Sheung Daily News on the right.

▲ 位於德輔道中 60 號及卑路乍街 158 號的蘭香室茶餐廳的廣告，1949 年。

An advertisement of Lan Heung Shut Restaurant on 60 Des Voeux Road Central and 158 Belcher's Street, 1949.

▲ 銅鑼灣軒尼詩道，約 1955 年。左方有一家錦園冰室。右方有彩虹餐室及金馬車飯店，所在現為崇光百貨公司。

Hennessy Road, Causeway Bay, c. 1955. Kam Yuen cafe is on the left. Rainbow Restaurant and Golden Carriage Restaurant are on the right. It is where Sogo Department Store situated nowadays.

由畢打街東望德輔道中，1959年。左方為歷山大廈。右方電話大廈內連卡佛公司的地庫有一家美心餐廳。

Des Voeux Road Central, looking east from Pedder Street, 1959. Alexrandra House is on the left. Maxim's Restaurant is at the basement of Lane Crawford Company inside the Telephone House on the right.

在德輔道中威士文餐室原址設立的美心餐廳的開張廣告，1956年12月3日。

An opening advertisement of Maxim's Restaurant, at the former site of Cafe Wiseman, Des Voeux Road Central, 3 December, 1956.

▲ 皇后大道中與畢打街交界，約 1955 年。左方為華人行內的美利權餐室。右方的第二代香港大酒店內也有多家餐廳。

The junction of Queen's Road Central and Pedder Street, c. 1955. American Restaurant in China Building is on the left. Various eateries are also situated in the Hong Kong Hotel on the right.

▲ 位於皇后大道中 40 號的金門餐室，1955 年。

Kam Moon Restaurant on 40 Queen's Road Central, 1955.

位於皇后大道中興瑋大廈的安樂園餐廳分店，曾在店內設置一部自動熱狗製造機，吸引了不少人在玻璃櫥窗前觀看，繼至入內購買。1958 年每件售 5 毫。

一般冰室及咖啡室的熱飲售 3 至 4 毫，鮮奶及刨冰售 5 至 6 毫，牛奶麥皮或燉奶售 4 毫，通心粉售 8 毫至 1 元。當時最受歡迎的是蓮子冰及鮑片通心粉。著名的安樂園的價格則每款貴 1 至 2 毫。

不少冰室亦會在門前售賣麵包，每個 1 毫，雞尾包則售 1 毫半兩個，蛋撻、椰撻售 2 毫，西餅 3 毫。位於德輔道中萬宜大廈的蘭香室，曾售賣每打 1 元的小型蛋撻，整天都有長龍輪購。落成於 1957 年的萬宜大廈，樓上亦有一家紅寶石餐廳，該餐廳於尖沙咀香檳大廈亦開設一家分店，兩者皆內設高級音響，播放古典音樂。

▼ 由中間道望向彌敦道，約 1950 年。左方是星光酒店。右方是玫瑰餐室。

Nathan Road, looking from Middle Road, c. 1950. Star Hotel is on the left and Rose Restaurant is on the right.

▲ 位於油麻地彌敦道 485 號的銀宮餐廳的 | An opening advertisement of Silver Palace Restaurant, on
開張廣告，1954 年 5 月 23 日。 | 485 Nathan Road, Yau Ma Tei, 23 May, 1954.

▲ 位於干諾道中 24-25 號中總大廈的蘭香閣茶 | An opening advertisement of Lan Heung Kok Restaurant
餐廳的開幕廣告，1958 年 2 月 6 日。 | on 24-25 Connaught Road Central, 6 February, 1958.

▲ 由北角道東望英皇道，約 1958 | King's Road, looking east from North Point Road, c. 1958. Queen's
年。右方為俄國餐廳皇后飯店。 | Restaurant (Russian cuisine) is on the right.

▲ 銅鑼灣禮頓道，1958 年。右方為愛蓮餐室及馬禮遜紀念碑。

Leighton Road, Causeway Bay, 1958. Oi Lin Restaurant and the monument of Robert Morrison are on the right.

▲ 設有餐廳、酒吧及夜總會的希爾頓酒店，約 1962 年。所
在現為長江集團中心。

Hilton Hotel, with restaurants, bars and night clubs,
c. 1962. It is where Cheung Kong Centre situated
nowadays.

▲ 位於干諾道中 1 號於 1973 年落成的富麗華酒店。

Furama Hotel, opened in 1973, on 1 Connaught Road Central.

▲ 位於皇后大道中 48 號萬年大廈的美麗邨餐廳，1966 年。左方窗外可見皇后戲院。

The Village Restaurant, in Manning House on 48 Queen's Road Central, 1966.

▲ 位於干諾道西 17 號、於 1952 年開業的海安咖啡室，2002 年。

Hoi On Cafe, opened in 1952, on 17 Connaught Road West, 2002.

參考資料

香港政府憲報 1874-1941 年

《華字日報》1895-1941 年

《星島日報》1938-1960 年

《華僑日報》1940-1946 年

《華僑日報》編印：《香港年鑑》1947-1960 年

《九龍地區料理業組合同人錄》1943 年

德成置業有限公司：《大漢全筵》「英京酒家精饌」

王韜著：《弢園老民自傳》（南京：江蘇人民出版社），1999 年

陳鏸勳著：《香港雜記》（香港：中華印務總局），1894 年

黎晉偉著：《香港百年史》（香港：南中編譯出版社），1948 年

鳴謝

何其銳先生　　　　　　陳創楚先生

佟寶銘先生　　　　　　陸汝槐先生

吳貴龍先生　　　　　　麥勵濃先生

張西門先生　　　　　　謝炳奎先生

張順光先生

梁紹桔先生　　　　　　香港大學圖書館

許日彤先生　　　　　　香港歷史博物館

陳卓堅先生　　　　　　德成置業有限公司